国家电网有限公司
STATE GRID
CORPORATION OF CHINA

2023 年版

U0261699

电网建设项目监理项目部
环境保护和水土保持标准化管理手册

线路工程分册

国家电网有限公司基建部　组编

中国电力出版社
CHINA ELECTRIC POWER PRESS

内 容 提 要

　　《电网建设项目监理项目部环境保护和水土保持标准化管理手册　线路工程分册（2023 年版）》是依据国家现行法律法规，以及行业、国家电网有限公司规程规范，并紧密结合公司基建最新通用制度和最新专业管理要求，在《电网建设项目监理项目部标准化管理手册（2021 年版）》基础上修编完成。

　　本手册主要包括监理项目部岗位设置与工作职责、环保水保管理两个方面的内容，适用于 220kV 及以上线路工程，220kV 以下线路工程可参照执行。

图书在版编目（CIP）数据

电网建设项目监理项目部环境保护和水土保持标准化管理手册. 线路工程分册：2023 年版 / 国家电网有限公司基建部组编. —北京：中国电力出版社，2023.12（2025.4重印）
ISBN 978-7-5198-8316-4

　Ⅰ. ①电… 　Ⅱ. ①国… 　Ⅲ. ①电网—电力工程—环境保护—标准化管理—中国—手册②电网—电力工程—水土保持—标准化管理—中国—手册③电网—线路工程—环境保护—标准化管理—中国—手册④电网—线路工程—水土保持—标准化管理—中国—手册　Ⅳ. ①X322-62②TM726-62

中国国家版本馆 CIP 数据核字（2023）第 223973 号

出版发行：中国电力出版社
地　　　址：北京市东城区北京站西街 19 号（邮政编码 100005）
网　　　址：http://www.cepp.sgcc.com.cn
责任编辑：匡　野　刘子婷（010-63412785）
责任校对：黄　蓓　朱丽芳
装帧设计：赵丽媛
责任印制：石　雷

印　　　刷：三河市航远印刷有限公司
版　　　次：2023 年 12 月第一版
印　　　次：2025 年 4 月北京第五次印刷
开　　　本：787 毫米×1092 毫米　16 开本
印　　　张：5
字　　　数：111 千字
定　　　价：49.00 元

《电网建设项目监理项目部环境保护和水土保持标准化管理手册 线路工程分册（2023年版）》

编 委 会

主　　编　潘敬东

副主编　张　宁　刘冀邱　蔡敬东

委　　员　袁　骏　李锡成　黄　勇　毛继兵　李　睿

黄常元　王　劲　罗　湘　汪美顺　马萧萧

陈豫朝

编审工作组

主要审查人员	魏金祥	闫国增	王俊峰	杨晓静
	尚福瑞	李韶瑜	胡晓东	史玉柱
	王　辉	赵素丽	刘　敏	和　刚
	董向阳	商　彬	王　兴	贾少健
	王华锋			
主要编写人员	杨怀伟	张　智	杜思颖	吴　凯
	于占辉	吴静怡	杨　丹	潘青松
	吴昊亭	侯国彦	潘宏承	刘　敏
	何宣虎	赵　倩	罗兆楠	张东旭
	史玉柱	李　阳	陈　鹏	任昕元
	张晓庆	贾可嘉	秦　汉	杨　山
	贺　菁	宗海迥		

《电网建设项目监理项目部环境保护和水土保持标准化管理手册 线路工程分册（2023年版）》是依据国家现行法律法规，以及行业、国家电网有限公司（以下简称公司）规程规范，并紧密结合公司基建最新通用制度和最新专业管理要求，在《电网建设项目监理项目部标准化管理手册(2021年版)》基础上修编完成。本手册适用于 220kV 及以上线路工程，220kV以下线路工程可参照执行。

一、编制特点

本次手册修编体现了五个特点：一是强化专业管理，参考了《国家电网有限公司监理项目部标准化管理手册 线路工程分册（2021 年版)》；二是总结了公司系统多年来监理项目部环境保护（以下简称环保）水土保持（以下简称水保）管理经验，将最新环保水保管理制度和专业管理要求落地；三是按照依法合规、强化落实、简洁高效原则，简化优化环保水保监理现场管控体系；四是突出监理项目部重点工作及主要管控节点、工作流程等有关内容，并统一了管理模板；五是尽量采取监理项目部标准化管理手册中的管理模板，保证管理模板的一致性。

二、主要内容

本手册主要包括以下两个方面内容：

（1）监理项目部岗位设置与工作职责。明确监理项目部环保水保岗位设置的定位与原则、人员配置标准要求、工作职责等内容。

（2）环保水保管理。明确监理项目部监理策划、文件审查、环保水保培训交底、参加设计交底及图纸会检，材料、构配件管理，环保水保过程检查，组织协调、问题处理，环保水保验收与总结。

1）管理工作内容与方法。明确监理项目部主要工作内容和基本方法。

2）管理流程。明确监理项目部环保水保管理的工作流程。

3）管理依据。主要列出监理项目部环保水保各项工作所依据的国家现行法律法规，以及行业、公司规程规范，公司基建通用制度；对于规章制度、技术标准等不再列出文号，对于通知、文件等列出文号。除本手册已列出的管理依据外，公司已经颁布和即将颁布的基建相关管理制度等，也作为监理项目部各项管理工作的依据。

附录 A 中收录环保水保管理相关的模板，新增环保水保监理规划、监理细则、工作总结目录、环保水保监理月（季）报（模板代码 JHS1～JHS7），为了不增加监理项目的工作量，除新增外，其他模板代码引用原线路监理项目部标准化管理手册的代码编号，有环保水保要求的在模板中增加相关内容说明。

附录 B 中是施工阶段环保水保监理工作要点。

附录 C 中是环保水保工艺标准。

管理模板代码的命名规则：JXM 代表监理项目管理线路模板，JHS 是本手册新增的环保水保管理线路模板。

目录

1 岗位设置与工作职责

监理项目部环保水保岗位设置与工作职责主要内容包括组建原则、人员配置标准要求、工作职责等。

1.1 岗位设置

1.1.1 岗位设置要求

所有 220kV 及以上输变电工程监理项目部应设置专（兼）环水保监理。监理合同签订后一个月内，成立监理项目部，并将监理项目部成立及总监理工程师的任命文件报送建设管理单位。监理项目部组建时，监理单位应根据监理合同中环保与水保相关规定，配备满足工程需要的环境和水保监理人员及各项设施。

1.1.2 人员配置标准要求

环境、水保监理工程师应由总监理工程师任命，人员的职责及分工以监理工作联系单（见附录 A 中 JXMD8）的形式通知业主项目部和施工项目部，环境、水保监理工程师应按照监理项目部关键人员进行管理。

环境、水保监理工程师应熟悉输线路工程环保水保专业知识，经过环境、水保监理相关培训，具备中级及以上职称和同类型工程一年以上环境、水保监理工作经验。征占地面积在 20hm^2 以上或者挖填土石方总量在 20 万 m^3 以上的项目，水保监理工程师应当具有水土保持专业监理资格。

环境、水保监理工程师依据工程规模配置，具体岗位配置要求见表 1-1。

表 1-1　　　　线路工程监理项目部环境、水保监理工程师配置基本要求一览表

电压等级	1000kV（±800kV）及以上线路工程	750kV（±660kV）及以下线路工程
环境、水保监理工程师配置数量	1（专职）	1（可兼）

注　1000kV（±800kV）及以上线路工程环保、水保监理人员单独配置，750kV（±660kV）及以下线路工程环保、水保监理工作可由满足相应资格的监理人员承担。

1.2 工作职责

1.2.1 项目部工作职责

（1）建立健全环境、水保监理项目组织机构，严格执行工程管理制度，落实项目环保水

保要求，落实岗位职责，确保监理项目部环保水保管理体系有效运作。

（2）对施工图进行预检，形成施工图预检记录表，在施工图会检前提交业主项目部，参加业主项目部组织的设计交底及施工图会检。

（3）复核设计文件与环评和水保方案及批复要求一致性，如发生重大变动（变更），应及时报建设管理单位。

（4）审查项目管理实施规划等施工策划文件中环保水保措施相关内容，编制监理工作策划文件，报业主项目部批准后实施。

（5）审查施工项目部编制的环保水保专项施工方案。

（6）对现场监理人员进行环保水保教育培训及交底。

（7）将环保水保措施相关内容纳入开工报审表及相关资料审查范围，具备开工条件的，报业主批准后，签发工程开工令。

（8）结合施工项目部编制的施工进度计划，督促施工单位落实环保水保措施"三同时"要求。

（9）定期检查施工现场，发现环保水保措施未落实或存在缺陷时，应下发《监理通知单》（见附录 A 中 JXM15）要求施工单位整改；情况严重的，应报业主项目部同意后下发《工程暂停令》（见附录 A 中 JXM11），要求施工单位暂停相关部位施工。

（10）组织进场材料、构配件的检查验收；通过见证、旁站、巡视、验收等手段，对环保水保措施实施有效控制。

（11）将环保设施（措施）质量评定纳入工程主体质量管理；对水保设施（措施）分部工程进行质量核定，对单元工程进行复核、评级，参与单位工程质量评定。

（12）参与环保专项验收和水保专项验收。

（13）按规定开展环保水保工程设计变更、现场签证、工程量管理。

（14）定期组织召开环保水保监理例会，参加与本工程环保水保有关的协调会。

（15）配合各级环保水保监督检查，督促施工项目部完成问题整改闭环。

（16）项目投运后，及时对环保水保监理工作进行总结。

1.2.2 环境、水保监理工程师岗位职责

（1）贯彻执行国家、行业、地方相关环保水保标准、规程、规范及合同、设计要求。

（2）参与编制监理规划中环境、水保监理专篇，负责编制环境、水保监理实施细则；审查施工单位提交的报审文件，提出审查意见，报总监理工程师审批。

（3）协助总监理工程师开展环保水保培训、交底和考试，检查施工项目部培训、交底及考试情况。

（4）指导、检查驻队监理开展现场环境、水保监理工作，定期向总监理工程师报告监理工作实施情况。

（5）督促驻队监理填写监理日志中环保水保相关内容，参与编写监理月报，收集、汇总、参与整理环保水保监理文件资料。

（6）配合开展各级环保水保专项检查，提供环保水保过程管控资料，督促完成闭环整改。

（7）配合环境、水保验收工作，提供监理总结报告。

2 环保水保管理

环保水保管理的主要内容包括监理策划、文件审查、环保水保培训交底、参加设计交底及图纸会检，材料、构配件管理，环保水保过程检查，组织协调、问题处理，环保水保验收与总结等。

→ 2.1 管理工作内容与方法

2.1.1 施工准备阶段

（1）监理策划。

1）依据设计文件、环评和水保方案及批复、《水土保持工程施工监理规范》（SL 523—2011）、《输变电工程水土保持监理规范》（Q/GDW 11970—2019）、《输变电工程环境监理规范》（Q/GDW 11444—2015）等，编制《工程监理规划》中环境监理规划和水保监理规划专篇（见附录 A 中 JHS2 和 JHS5），并在第一次工地会议前，填写监理策划文件报审表，报业主项目部审批。

2）依据已批准的监理规划等，编制《环境监理实施细则》《水保监理实施细则》（见附录 A 中 JHS2 和 JHS5），报业主项目部审批。

（2）对工程建设区域开展实地勘查，采用照片、视频影像等方式记录线路原始地貌特征、土地利用及植被情况、水土流失现状。

（3）全面收集、分析主体工程设计资料及工程环保水保相关的技术资料，应在设计交底前充分熟悉环评和水保方案及批复，环保水保设计资料等。

（4）施工图审查。

1）组织环保水保监理人员对施工图环保水保内容进行预检，形成施工图预检记录表，在施工图会检前提交业主项目部。

2）参加业主项目部组织的设计交底及施工图会检，针对环保水保方面存在问题，提出意见及建议。

3）环保设计（监理合同包含设计阶段）审查内容主要包括但不限于：

线路主要技术指标审核。应审核线路长度、线路走向、导线高度、导线型号与排列方式、塔基数量及塔基占地性质、面积、水土流失防治范围、开挖填筑土石方总量、临时施工道路长度、弃渣场位置、数量及弃渣量等与环评和水保方案及批复的一致性。

沿线环境敏感目标和水土流失敏感区审核。应复核沿线环境保护目标、水土流失重点防治区及重点治理区与环评和水保方案及批复的一致性。

环保措施（设施）审核。应审核环评报告及批复文件提出的环境保护目标避让、减少占地和林木砍伐、防止水土流失、野生动植物及生态敏感区保护、植被恢复等污染防治及生态保护措施在设计中的落实情况。

4）水保设计审查内容（监理合同包含设计阶段）主要包括但不限于：

应审核水保方案及批复文件提出的塔基区截排水沟、护坡、挡墙、沉砂池的布置情况、尺寸、工程量等在设计中落实及变化情况。

表土剥离与回覆、草皮剥离与回铺，土地整治，植物措施，临时防护措施在设计中的落实及变化情况等；现场开挖余土堆放及外运方面的设计内容；施工道路修筑对周边生态环境影响及扰动方面的内容。

（5）培训及交底。

1）参加业主项目部组织的开工前环保水保培训交底工作。

2）对监理项目部人员进行培训和交底。

3）参加业主项目部组织的第一次工地例会，进行环保水保监理交底。

4）工程开工及施工作业前，对施工项目部的环保水保培训交底情况进行核查。

（6）审查项目管理实施规划、环保水保专项施工方案，填写文件审查记录表（见附录A中JXM3）。文件审查的内容及关键点包括：

1）施工现场总平面布置审核应重点关注其环境合理性，从周边地形对施工废水导流的影响、主导风向对施工扬尘的影响、施工现场植被类型及生物量分布、周边敏感目标与作业机械的距离等方面进行审核。

2）施工扬尘控制措施：开挖面洒水降尘措施、粉状物料苫盖措施、施工车辆降尘管控措施等。

3）施工废水治理措施：施工泥浆、机械冲洗废水、场地冲洗废水、施工人员生活污水等废污水的收集与处理措施，饮用水源保护区等地表水体的径流拦截处理措施等。

4）施工噪声治理措施：高噪声机械作业区施工围挡布置情况、施工区总平布置优化降噪措施、施工时序优化降噪措施、优化施工车辆降噪管控措施等。

5）施工固废治理措施：施工区建筑垃圾、生活垃圾等固体废弃物的收集与储运措施等。

6）施工生态保护措施：植被就地及异地保护措施，野生动物分布区域警示措施，生态敏感区的专项保护措施等，表土剥离措施、临时堆场环保措施等。

7）水保措施：施工影响范围内对应表土剥离、草皮剥离、土地整治、植被恢复、密目网苫盖、碎石压盖、截洪沟、排水沟、浆砌石护坡等措施。

8）环境生态敏感区与水土流失敏感区保护措施：应审核污染防治、生态保护、施工平面布置、施工要求等是否满足设计文件、环评和水保方案及批复等要求。

9）施工进度安排是否符合"三同时"要求。

（7）协助业主项目部依据《架空输电线路水土保持设施质量检验及评定规程》（Q/GDW 11971—2019）、《架空输电线路水土保持设施质量验收规程》（DL/T 5857—2022）和《水土保持工程质量评定规程》（SL 336—2006）《输变电工程水土保持监理规范》（Q/GDW 11970—2019）对工程水保项目进行项目划分，用于工程质量验评。

（8）标准化开工。

1）开工许可齐备：已签订监理合同，对施工合同的环保水保条款及其他开工条件进行审查。

2）组织体系健全：环保水保管理组织机构健全，管理人员全部到岗到位。

3）制度体系健全：环保水保管理制度已齐全，环保水保策划内容已通过审查。

4）设计图纸交付：环保水保专项设计交底和图纸会检完成。

5）施工准备完成：环保水保专项施工方案通过审查；完成施工单位环保水保相关的人员、材料、施工设备等的审查；施工作业队伍完成备案。

6）交底、培训落实：主要管理人员经过公司、项目部组织的环保水保专项交底、培训并考试合格；全部施工作业人员经过进场前的环保水保交底、培训并考核合格。

2.1.2 施工阶段

（1）对施工项目部环保水保相关的人员、施工方法和施工环境进行监督检查，强化施工过程质量控制和措施的落实。督促施工项目部加强分包管理，落实环保水保相关设施（措施）要求。

（2）通过日常巡查、定期检查、专项检查等方式督促现场严格执行落实环保水保措施；工程环保水保管理工作应与主体工程管理同步，监理项目部按要求落实相关工作，形成相应档案资料。

（3）通过巡视、见证、旁站、平行检验等方式，对环保水保设施（措施）建设的质量、进度和投资进行控制并提出监理意见；检查环保水保设施（措施）施工记录文件。发现施工存在质量问题的，或施工单位采用不适当的施工工艺，应签发监理通知单（见附录 A 中 JXMX15），督促施工单位整改，施工单位整改后应以监理通知回复单（见附录 A 中 JXMX16）形式回复整改情况。

（4）配合环保水保监测、行政监督检查等，按要求完成相关问题的整改闭环工作。

（5）施工阶段环境监理工作要点见附录 B.1。

（6）施工阶段水保监理工作要点见附录 B.2。

（7）严格审核现场土方处理、临时占地使用情况，并配合业主项目部做好相关签证管理。

（8）按时编制环保水保监理月（季）或在监理月（季）报中编制环保水保专篇（见附录 A 中 JHS7）。

（9）变更及签证管理：

1）审查工程变更建议或签证申请，统一编号后报业主项目部。

2）受托组织或参加对设计变更（现场签证）的审查，并提出相关意见。

3）设计变更（现场签证）涉及的工程量全部完成，并经监理项目部验收合格后，签署施工项目部提交的设计变更（现场签证）执行报验单。

（10）当发生环保水保事件时，总监理工程师应及时签发《工程暂停令》（见附录 A 中 JXM11），要求施工项目部立即暂停相关施工，采取有效措施消除事件影响，并配合事件调查。整改完毕，经环境、水保监理人员验收合格，并报业主项目部同意后，总监理工程师方可签署《工程复工令》（见附录 A 中 JXM7）。

（11）对施工单位分部工程、单位工程自评定情况进行复核。在分部工程验收签证和单位工程验收鉴定书上签署确认。

（12）根据《输变电工程环境监理规范》（Q/GDW 11444—2015）和《输变电工程水土保

持监理规范》（Q/GDW 11970—2019）及监理合同规定，开展施工阶段环保水保信息档案管理工作，信息档案管理内容主要包括：文件收发、整理、保管、存档，数码照片采集，施工资料收集、整理和归档，监理资料收集、整理和归档等。监理服务期满后，应对资料档案逐项清点、整编、组卷，并移交建设管理单位。

（13）督促施工单位按照环保水保工艺标准，落实环保水保措施要求，环保、水保工艺标准见附录C。

1）材料运输阶段。

机械道路关键工艺及措施：

临时道路修筑：A 施工限界（见附录C中第1.6.1项）

　　　　　　　B 表土剥离、保护（见附录C中第2.1.1项）

　　　　　　　C 彩条布铺垫与隔离（见附录C中第1.6.3项）

　　　　　　　D 草皮剥离、养护（见附录C中第2.1.4项）

　　　　　　　E 填土编织袋（植生袋）拦挡（见附录C中第2.3.2项）

　　　　　　　F 全封闭车辆运输（见附录C中第1.1.4项）

　　　　　　　G 余土综合利用

　　　　　　　H 边坡保护（见附录C中第2.4项）

　　　　　　　I 洒水抑尘（见附录C中第1.1.1项）

　　　　　　　J 施工噪声控制（见附录C中第1.3项）

　　　　　　　K 棕垫隔离（见附录C中第1.6.2项）

　　　　　　　L 钢板铺垫（见附录C中第1.6.4项）

　　　　　　　M 临时排水沟（见附录C中第2.3.1项）

临时道路恢复：A 全面整地（见附录C中第2.6.1项）

　　　　　　　B 局部整地（见附录C中第2.6.2项）

　　　　　　　C 表土回覆（见附录C中第2.1.2项）

　　　　　　　D 草皮回铺（见附录C中第2.1.4项）

　　　　　　　E 造林（种草）整地（见附录C中第2.8.1项）

　　　　　　　F 造林（见附录C中第2.8.2项）

　　　　　　　G 种草（见附录C中第2.8.3项）

　　　　　　　H 抚育

人抬道路关键工艺及措施：

临时道路恢复：A 全面整地（见附录C中第2.6.1项）

　　　　　　　B 局部整地（见附录C中第2.6.2项）

　　　　　　　C 造林（种草）整地（见附录C中第2.8.1项）

　　　　　　　D 造林（见附录C中第2.8.2项）

　　　　　　　E 种草（见附录C中第2.8.3项）

　　　　　　　F 抚育

索道关键工艺及措施：

索道架设使用：A 施工限界（见附录 C 中第 1.6.1 项）

B 表土剥离、保护（见附录 C 中第 2.1.1 项）

C 彩条布铺垫与隔离（见附录 C 中第 1.6.3 项）

D 草皮剥离、养护（见附录 C 中第 2.1.4 项）

E 填土编织袋（植生袋）拦挡（见附录 C 中第 2.3.2 项）

F 临时苫盖（见附录 C 中第 2.3.3 项）

场地恢复阶段：A 表土回覆（见附录 C 中第 2.1.2 项）

B 草皮回铺（见附录 C 中第 2.1.4 项）

C 迹地恢复（见附录 C 中第 1.6.6 项）

D 造林（种草）整地（见附录 C 中第 2.8.1 项）

E 造林（见附录 C 中第 2.8.2 项）

F 种草（见附录 C 中第 2.8.3 项）

G 抚育

2）基础施工阶段（含接地装置）。

施工阶段：A 施工限界（见附录 C 中第 1.6.1 项）

B 表土剥离、保护（见附录 C 中第 2.1.1 项）

C 彩条布铺垫与隔离（见附录 C 中第 1.6.3 项）

D 草皮剥离、养护（见附录 C 中第 2.1.4 项）

E 填土编织袋（植生袋）拦挡（见附录 C 中第 2.3.2 项）

F 临时苫盖（见附录 C 中第 2.3.3 项）

G 施工场地垃圾箱（见附录 C 中第 1.4.3 项）

H 泥浆沉淀池（见附录 C 中第 1.2.1 项）

I 施工噪声控制（见附录 C 中第 1.3 项）

J 孔洞盖板（见附录 C 中第 1.6.5 项）

K 建筑垃圾清运（见附录 C 中第 1.4.1 项）

L 废料和包装物回收与利用（见附录 C 中第 1.4.2 项）

M 浆砌石护坡（见附录 C 中第 2.4.1 项）

N 浆砌石截排水沟（见附录 C 中第 2.5.1 项）

O 混凝土截排水沟（见附录 C 中第 2.5.2 项）

P 生态截排水沟（见附录 C 中第 2.5.3 项）

Q 浆砌石挡渣墙（见附录 C 中第 2.2.1 项）

R 混凝土挡渣墙（见附录 C 中第 2.2.2 项）

基础浇制完成：A 场地清理

B 全面整地（见附录 C 中第 2.6.1 项）

C 局部整地（见附录 C 中第 2.6.2 项）

D 表土回覆（见附录 C 中第 2.1.2 项）

3）杆塔组立阶段。

施工阶段：A 施工限界（见附录 C 中第 1.6.1 项）

B 表土剥离、保护（见附录 C 中第 2.1.1 项）

C 彩条布铺垫与隔离（见附录 C 中第 1.6.3 项）

D 草皮剥离、养护（见附录 C 中第 2.1.4 项）

E 填土编织袋（植生袋）拦挡（见附录 C 中第 2.3.2 项）

F 临时苫盖（见附录 C 中第 2.3.3 项）

G 施工场地垃圾箱（见附录 C 中第 1.4.3 项）

H 泥浆沉淀池（见附录 C 中第 1.2.1 项）

I 施工噪声控制（见附录 C 中第 1.3 项）

J 建筑垃圾清运（见附录 C 中第 1.4.1 项）

K 废料和包装物回收与利用（见附录 C 中第 1.4.2 项）

L 场地清理

杆塔组立完成：A 全面整地（见附录 C 中第 2.6.1 项）

B 局部整地（见附录 C 中第 2.6.2 项）

C 表土回覆（见附录 C 中第 2.1.2 项）

D 草皮回铺（见附录 C 中第 2.1.4 项）

E 造林（种草）整地（见附录 C 中第 2.8.1 项）

F 造林（见附录 C 中第 2.8.2 项）

G 种草（见附录 C 中第 2.8.3 项）

H 抚育

I 防风固沙工程

J 挡水埝

K 碎石压盖

4）架线阶段。

塔基区关键工艺及措施：

场地恢复阶段：A 草皮回铺（见附录 C 中第 2.1.4 项）

B 造林（种草）整地（见附录 C 中第 2.8.1 项）

C 造林（见附录 C 中第 2.8.2 项）

D 种草（见附录 C 中第 2.8.3 项）

E 抚育

牵张场关键工艺及措施：

使用阶段：A 施工限界（见附录 C 中第 1.6.1 项）

B 表土剥离、保护（见附录 C 中第 2.1.1 项）

C 彩条布铺垫与隔离（见附录 C 中第 1.6.3 项）

D 草皮剥离、养护（见附录 C 中第 2.1.4 项）

E 表土铺垫保护（见附录 C 中第 2.1.3 项）

F 钢板铺垫（见附录 C 中第 1.6.4 项）

G 填土编织袋（植生袋）拦挡（见附录 C 中第 2.3.2 项）

H 临时苫盖（见附录 C 中第 2.3.3 项）

I 施工场地垃圾箱（见附录 C 中第 1.4.3 项）

J 彩条布铺垫与隔离（见附录 C 中第 1.6.3 项）

K 临时苫盖（见附录 C 中第 2.3.3 项）

L 施工噪声控制（见附录 C 中第 1.3 项）

M 建筑垃圾清运（见附录 C 中第 1.4.1 项）

N 废料和包装物回收与利用（见附录 C 中第 1.4.2 项）

场地恢复阶段：A 全面整地（见附录 C 中第 2.6.1 项）

B 局部整地（见附录 C 中第 2.6.2 项）

C 表土回覆（见附录 C 中第 2.1.2 项）

D 草皮回铺（见附录 C 中第 2.1.4 项）

E 造林（种草）整地（见附录 C 中第 2.8.1 项）

F 造林（见附录 C 中第 2.8.2 项）

G 种草（见附录 C 中第 2.8.3 项）

H 抚育

以上关键工艺及措施仅作为环保水保施工要点参考，不作为结算依据。

2.1.3 典型问题整治

（1）山地溜坡溜渣。

问题描述：山区施工开挖产生的余土、砂石随山坡自然滚落堆积形成顺坡溜渣、植被占压，造成水土流失。

整改措施：施工过程中按照拦挡、溜渣清理、坡面修复、覆熟土并洒水沉降、植被恢复、抚育六步原则及时完成边坡修复和治理工作。

（2）扰动面积增加。

问题描述：由于施工准备期未合理规划场地布置或施工过程未严格执行限界措施，因施工材料、工器具等随意堆放、开挖土石方不规范处理、随意开辟施工便道等原因造成临时占地范围显著扩大。

整改措施：严格执行限界施工；规范施工材料、工器具堆放位置；对扩大的扰动区域进行迹地清理、土地整治和植被恢复。

（3）垃圾遗留。

问题描述：在线路施工中产生的生活垃圾、建材包装物及废弃砂、石、水泥、混凝土、渣土等遗弃在施工现场造成环境污染。

整改措施：加强垃圾集中管理，及时收集、清运垃圾。

（4）植被恢复不到位。

问题描述：线路施工扰动范围内，植被未恢复、恢复不及时或恢复效果不佳。

整改措施：杆塔组立完成后及时按照土地整治、表土回覆（草皮回铺）、植被恢复（造林、种草）、定期洒水抚育的流程完成植被恢复工作。

2.1.4 验收阶段

（1）督促施工项目部开展施工质量自检，在施工自检合格基础上，随主体工程同步开展环保水保设施（措施）监理验收工作，对相关设施建设和措施落实情况进行全面检查，提出监理意见，并在整改完成后编制监理报告。

（2）将环保设施（措施）质量评定纳入工程主体质量管理，贯穿工程全过程。

（3）督促施工项目部对全部水保设施（措施）分部工程进行自评，对单元工程质量进行自查；对分部工程进行质量核定，对单元工程进行复核、评级；参与单位工程质量评定；形成水土保持质量评定记录。

（4）参加竣工预验收、启动验收、竣工环保验收和水保设施验收，负责对验收、检查发现的问题进行复查，督促整改闭环。

（5）环保验收存在下列情况之一的，不得提出验收合格的意见：

1）涉及重大变动但未落实变动环评批复文件的。

2）进入生态保护红线范围及自然保护区、风景名胜区、世界文化和自然遗产地、饮用水水源保护区、海洋特别保护区等环境敏感区的，生态保护措施未落实到位，相关手续不完备的。

3）临时占地等相关迹地恢复工作未按要求完成的。

4）环评报告及批复文件提出的其他环保措施未落实的。

5）线路涉及的电磁和声环境敏感目标监测超标的。

6）验收调查报告的基础资料数据明显不实，内容存在重大缺项、遗漏等不符合相关技术规范的。

7）违反环保法律法规受到处罚，被责令改正，尚未改正完成的，或存在其他不符合环保法律法规等情形的。

（6）水保验收存在下列情况之一的，不得提出验收合格的意见：

1）未依法依规履行水土保持方案及重大变更的编报审批程序的。

2）未依法依规开展水土保持监测或补充开展的水土保持监测不符合规定的。

3）未依法依规开展水土保持监理工作。

4）废弃土石渣未堆放在经批准的水土保持方案确定的专门存放地的。

5）水土保持措施体系、等级和标准未按经批准的水土保持方案要求落实的。

6）重要防护对象无安全稳定结论或结论为不稳定的。

7）水土保持分部工程和单位工程未经验收或验收不合格的。

8）水土保持监测总结报告、监理总结报告等材料弄虚作假或存在重大技术问题的。

9）未依法依规缴纳水土保持补偿费的。

2.1.5 总结评价

（1）工程投运后，组织编制《工程工作总结》中环境监理工作总结和水保监理工作总结专篇（见附录 A 中 JHS3 和 JHS6），并按时提交归档。

（2）接受业主项目部的综合评价。

➡ 2.2 管理工作流程

环保水保管理工作流程见图 2-1。

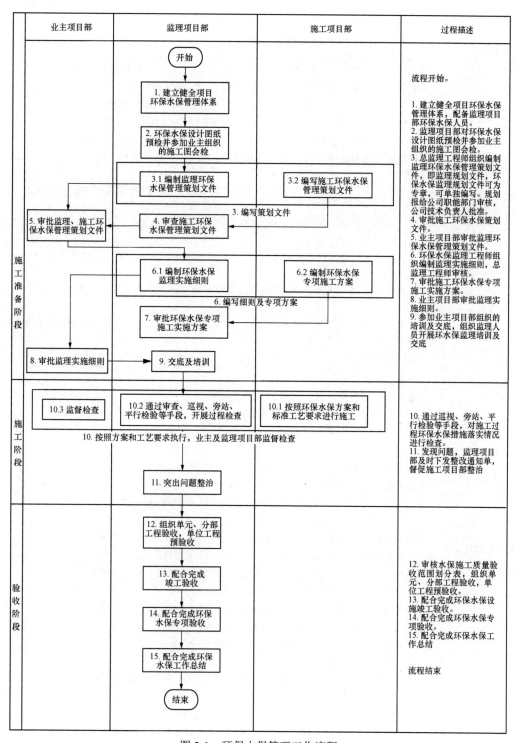

图 2-1 环保水保管理工作流程

➥ 2.3 管理依据

环保水保主要管理依据见表 2-1。

表 2-1 环保水保主要管理依据

依据类别	主要管理依据
环保水保法律、法规及规章	《中华人民共和国水土保持法》主席令第 49 号（2010 年修订版） 《中华人民共和国环境保护法》主席令第 22 号（2014 年修订版） 《中华人民共和国环境影响评价法》主席令第 77 号（2018 年修订版） 《中华人民共和国水土保持法实施条例》国务院令 588 号（2011 修订） 《建设项目环境保护管理条例》国务院令第 253 号（2017 年修订版） 《建设项目环境影响评价分类管理名录》中华人民共和国生态环境部令第 16 号（2021 修订版） 《水利部关于加强事中事后监管规范生产建设项目水土保持设施自主验收的通知》（水保〔2017〕365 号） 《水利部办公厅关于印发生产建设项目水土保持设施自主验收规程（试行）的通知》（办水保〔2018〕133 号） 《水利部办公厅关于印发生产建设项目水土保持监督管理办法的通知》（办水保〔2019〕172 号） 《水利部关于进一步深化"放管服"改革全面加强水土保持监管的意见》（水保〔2019〕160 号） 《水利部关于下放部分生产建设项目水土保持方案审批和水土保持设施验收审批权限的通知》（水保〔2016〕30 号） 《生产建设项目水土保持方案管理办法》水利部令第 53 号（2023 年版）
环保水保技术标准、规程、规范	《声环境质量标准》（GB 3096—2008） 《地表水环境质量标准》（GB 3838—2002） 《环境空气质量标准》（GB 3095—2012） 《污水综合排放标准》（GB 8978—1996） 《建筑施工场界环境噪声排放标准》（GB 12523—2011） 《大气污染物综合排放标准》（GB 16297—1996） 《生产建设项目水土保持技术标准》（GB 50433—2018） 《生产建设项目水土保持监测与评价标准》（GB/T 51240—2018） 《生产建设项目水土流失防治标准》（GB/T 50434—2018） 《开发建设项目水土保持设施验收技术规程》（GB/T 22490—2008） 《输变电建设项目环境保护技术要求》（HJ 1113—2020） 《建设项目竣工环境保护验收技术规范　输变电》（HJ 705—2020） 《电力环境保护技术监督导则》（DL/T 1050—2016） 《输变电工程环境监理规范》（DL/T2272—2021） 《水土保持工程施工监理规范》（SL 523—2011） 《输变电项目水土保持技术规范》（SL 640—2013） 《水土保持工程质量评定规程》（SL336—2006） 《开发建设项目水土保持设施验收技术规程》（SL 387—2007） 《输变电工程环境监理规范》（Q/GDW 11444—2015） 《输变电工程水土保持监理规范》（Q/GDW 11970—2019） 《生态脆弱区输变电工程环保设计导则》（Q/GDW 11972—2019） 《生态脆弱区输变电工程施工环保导则》（Q/GDW 11973—2019）

依据类别	主要管理依据
环保水保技术标准、规程、规范	《110kV～750kV 变电站环保设计技术规范》（Q/GDW 11974—2019） 《国家电网有限公司环境保护管理办法》《国家电网有限公司电网建设项目竣工环境保护验收管理办法》（国家电网企管〔2019〕429 号） 《国家电网有限公司建设项目水土保持管理办法》[国网（科/3）643—2019] 《国家电网有限公司建设项目水土保持设施验收管理办法》[国网（科/3）970—2019]

附录 A

标准化管理模板

A.1 项目管理部分

JXM1：项目管理关键人员变更申请

监理项目部项目管理关键人员变更申请表

致_____（建设管理单位）： 　　因_____，免去_____同志_____工程_____职务，由_____同志担任。 　　敬请批准。 　　附件：1．人员资格证书 　　　　　2．人员工作经历   　　　　　　　　　　　　　　　　　　　　　　　　监理单位（章） 　　　　　　　　　　　　　　　　　　日　期：_____年__月__日
建设管理单位审批意见：   　　　　　　　　　　　　　　　　　　　建设管理单位（章） 　　　　　　　　　　　　　　　　　　项目负责人：_____ 　　　　　　　　　　　　　　　　　　建设部门主任：_____ 　　　　　　　　　　　　　　　　　　日　期：_____年__月__日

JXM2：工程开工令

工 程 开 工 令

工程名称：   编号：

致：＿＿＿＿＿＿＿＿＿＿（施工项目部）

    经审查，本工程已具备施工合同约定的开工条件，现同意你方开始施工，开工日期为：＿＿年＿＿月＿＿日。

    附件：开工报审表

监理项目部（章）

总监理工程师：＿＿＿＿＿＿＿＿＿＿

日   期：＿＿＿＿＿年＿＿月＿＿日

注 本表一式＿＿＿份，由监理项目部填写，业主项目部、施工项目部各存一份，监理项目部存＿＿＿份。

JXM3：文件审查记录表

文 件 审 查 记 录 表

工程名称：   编号：

文件名称	（写文件全称）	
送审单位	（文件编制单位）	

序号	监理项目部审查意见	施工项目部反馈意见

总监理工程师：＿＿＿＿＿＿＿＿＿＿ 日　期：＿＿＿＿年＿＿月＿＿日	项目经理：＿＿＿＿＿＿＿＿＿＿ 日　期：＿＿＿＿年＿＿月＿＿日

监理复查意见	总监理工程师：＿＿＿＿＿＿＿＿＿＿ 日　期：＿＿＿＿年＿＿月＿＿日

注　1．施工项目部按监理审查意见逐条回复，采纳监理意见应说明具体修改部位，不采纳时应说明原因。
　　　2．本表一式两份，监理、施工项目部各存1份。

JXM7：工程复工令

工 程 复 工 令

工程名称：   编号：

致：＿＿＿＿＿＿（施工项目部）

　　我方发出的编号为＿＿＿＿＿＿《工程暂停令》，要求暂停施工的＿＿＿＿＿＿部分（工序），经查已具备复工条件。经业主项目部同意，现通知你方于＿＿年＿＿月＿＿日＿＿时起恢复施工。

附件：证明文件资料

监理项目部（章）

总监理工程师：＿＿＿＿＿＿

日 期：＿＿＿＿年＿＿月＿＿日

JXM8：监理工作联系单

监 理 工 作 联 系 单

工程名称：   编号：

致：	
事由	
内容	
	监理项目部（章） 总/专业监理工程师：_____ 日　期：_____年___月___日
签收：	
	签收人： 日　期：_____年___月___日

注　本表一式____份，由监理项目部填写，业主项目部、施工项目部各存一份，监理项目部存____份。

工 程 暂 停 令

工程名称：   编号：

致_____（施工项目部）：

由于_____原因，现通知你方必须于____年____月____日____时起，对本工程的_____部位（工序）实施暂停施工，并按下述要求做好各项工作。

要求：

监理项目部（章）

总监理工程师：_____

日　期：_____年___月___日

注　本表一式____份，由监理项目部填写，业主项目部、施工项目部各存一份，监理项目部存____份。

JXM15：监理通知单

监 理 通 知 单

工程名称：   编号：

致：

   事由：

   内容：

监理项目部（章）
总/监理工程师：_____
日 期：_____年__月__日

注 1．本表一式____份，由监理项目部填写，业主项目部、施工项目部各存一份，监理项目部存____份。

    2．问题照片及描述作为本通知单附件。

    3．监理工程师包括项目安全总监、专业监理工程师、安全监理工程师和造价监理工程师，环保、水保监理工程师等。

JXM16：监理通知回复单

监 理 通 知 回 复 单

工程名称：   编号：

致＿＿＿＿＿＿监理项目部： 　　我方接到编号为＿＿＿＿＿＿的监理通知单后，已按要求完成了＿＿＿＿＿＿工作，现报上，请予以复查。 　　详细内容：   　　　　　　　　　　　　　　　　　　　　　　　　　　　　　施工项目部（章）： 　　　　　　　　　　　　　　　　　　　　　　　　　　　　　项目经理： 　　　　　　　　　　　　　　　　　　　　　　　　　　　　　日　　期：
监理项目部复查意见：   　　　　　　　　　　　　　　　　　　　　　　　　　　　　　监理项目部（章）： 　　　　　　　　　　　　　　　　　　　　　　　　　　　　　总/监理工程师： 　　　　　　　　　　　　　　　　　　　　　　　　　　　　　日　　期：

注　1．本表一式＿＿＿份，由施工项目部填报，业主项目部、监理项目部各一份，施工项目部存＿＿＿份。

　　2．问题照片及描述与整改照片及描述作为本回复单附件。

　　3．监理工程师包括项目安全总监、专业监理工程师、安全监理工程师和造价监理工程师，环保、水保监理工程师等。

　　4．由签发监理通知单的人员复查后签名。

A.2 环保水保管理部分

JHS1：环境监理规划

环 境 监 理 规 划

1 总则

介绍环境监理工作由来、工作目的、工作依据等。工作目的包括完善环境管理、服务建设单位两方面，工作依据包括国家及地方颁发的与工程有关的环保法律法规、标准、环境影响评价文件及批复、工程有关设计资料等。

2 建设项目概况

介绍拟建项目主要工程内容及规模，包括项目组成、地理位置、施工方案、工程特性及投资等，工程规模及内容调整情况，周边环保目标调整情况。

3 环境监理工作目标和范围

介绍环境监理工作预计达到的目标；结合具体的输变电工程特点，介绍环境监理工作的地理范围及时间范围。

4 环境监理工作程序

据输变电工程建设特点，介绍环境监理总体工作程序。

5 环境监理工作内容

根据工程特点、环境影响评价文件及批复，按照时间顺序简要说明环境监理工作内容。例如施工准备阶段为设计复核、施工单位合同条款审核、施工组织设计审核等工作。

6 环境监理工作方法及措施

结合工程特点及建设单位要求，确定采取的环境监理工作方法与措施。

7 环境监理内容

根据工程特点、环境影响评价文件及批复要求，介绍工程各阶段环境监理内容及监理要求。

8 环境监理组织机构及人员配备

根据具体工程特点及地区管理规定，明确采取的环境监理组织机构形式，确定环境监理工作参与人员，说明各自职责。

9 环境监理设施、设备

根据建设单位要求和工作需要，明确在项目环境监理工作中应配备的专业仪器设施、设备。

10 监理成果

介绍环境监理涉及的工作成果。

JHS2：环境监理实施细则

<h2 style="text-align:center">环 境 监 理 实 施 细 则</h2>

1 总则

结合工程施工及环境特点，详细说明工程建设内容及规模、环境污染工序及可能产生的环境影响、敏感目标分布情况等。

2 环境监理工作流程

按照工程施工特点，分阶段介绍环境监理工作流程。

3 环境监理工作目标和范围

详细说明预计达到的目标，目标应尽可能细化，包括废水、扬尘及施工噪声防治措施落实目标，各类生态保护措施落实目标，污染因子达标排放目标，周边地表水、环境空气、声环境质量达标目标等细化明确涉及生态敏感区工程监理工作范围，包括准确的现场工作范围以及各参建单位的工作界面。

4 环境监理人员岗位职责

介绍环境监理机构的组织架构、环境监理人员及联络方式，明确工作人员应履行的工作职责及分工、环境监理人员守则等。

5 环境监理工作内容

分阶段分类说明具体工作内容，明确各工序具体的监理方法、监理部位以及形成的监理记录要点。

6 环境监理重点、难点及控制要点

分类介绍重点环节及工序环境监理要点、生态敏感区环境监理要点及迹地恢复环境监理要点。

根据重点环节及工序的特点，结合污染产生源、产生部位、处置措施及排放要求等详细说明监理工作程序、内容、方法和主要关注点及应达到的监理要求。

当项目涉及生态敏感区时，应给出生态敏感区的保护级别、保护对象、保护分区区划等具体信息，详细说明涉及生态敏感区的工程施工方案、施工污染物产排情况、主要施工环保措施，明确 监理部位、监理时段、监理方法、主要技术要求以及应形成的监理记录文件等。

迹地恢复环境监理要点应列出环境影响评价文件中要求进行迹地恢复的具体工程位置、恢复方案，统计主要工程量，明确恢复措施的监理时段、监理方法、主要技术要求以及应形成的记录文件等。

7 环境监理对问题的处理

对环境监理过程中可能遇到的问题进行分类总结，详细介绍环境监理对各类问题的具体处理程序，如一般环保问题、重大环保问题等。

8 环境监理工作计划

根据工程建设进度计划，列出详细的环境监理工作计划。

9 环境监理成果及提交

介绍各阶段应提交的环境监理成果。

JHS3：环境监理工作总结报告

环境监理工作总结报告

1　建设项目部概况

2　建设项目进度

3　建设项目环保投资

4　环保设施、生态保护设施施工总进度

5　环保促使（设施）、污染防护、生态保护措施（设施）的落实完成情况

6　施工期环境监测工作及报告

7　环境监理工作及其报告

8　环境监理结论

9　存在的问题及建议

10　环境监理大事记

11　环境监理档案及影像资料

12　附图及照片

JHS4：水保监理规划

水 保 监 理 规 划

1 工作依据

介绍水保监理工作依据。工作依据主要包括国家及地方颁布的与工程相关的水保法律、法规、水保方案及批复文件、工程有关设计资料及工程水保监理合同。

2 工程概况

介绍建设项目主要工程内容及规模；结合工程水保方案，介绍项目区水土流失概况、工程水土流失防治标准及目标值、水土流失防治责任范围及水土流失防治分区。

3 监理期限、工作范围与内容

明确监理时段及工作范围。原则上水保监理工作期限为现场监理工作时段及后期验收工作配合时段；监理工作范围涵盖工程线路工程永久占地及临时占地区域。

提出各阶段具体监理工作内容。

4 监理工作目标

介绍水保监理质量控制目标、进度控制目标、投资控制目标、项目管理目标、合同管理目标及协调工作目标。

5 监理方法及工作程序

明确工程水保监理方法。水保监理方法主要包括发布文件、跟踪检查、平行检测、现场记录、巡视检验、旁站监理、遥感遥测、宣传培训以及协调各参建方关系，调解工程施工中出现的问题和争议等。

介绍水保监理总体工作程序，根据输变电工程建设特点，分别介绍各阶段水保监理工作程序。

6 监理工作制度

明确水保监理工作所采用的工作制度，确保监理工作规范有序开展。水保监理工作制度包括技术文件审核审批制度、工程质量检验制度、工作报告制度、工程验收制度等。

7 监理项目部组织机构及监理设备

明确水保监理工作组织机构建设情况；拟投入的水保监理人员及相应职责；拟投入的主要监理设施、设备。

8 监理要点

明确项目水保监理工作重点内容及难点；根据工程施工特点、水保方案及设计提出的主要水保措施，明确线路各阶段水保监理工作要点；根据项目涉及的敏感区、敏感区分布情况、敏感区相应保护要求等，明确敏感区水保监理工作要点。

9 监理成果提交

明确项目水保监理工作涉及的主要成果资料及提交形式。

JHS5：水保监理实施细则

水 保 监 理 实 施 细 则

1 总则

介绍项目概况，包含项目基本情况、项目组成及工程特性、项目水土流失防治标准、防治分区及责任范围等、项目水保方案报告书批复要求等；明确编制依据及监理项目部组织机构及拟投入的人员情况。

2 监理工作目标、范围及内容

细化监理工作目标及工作范围；分阶段细化水保监理工作内容。

3 水保工程质量控制

明确水保工程质量控制的内容和方法；明确水保工程主要材料、构配件及工程设备质量控制内容及方法；明确水保工程质量评定内容和方法等。

4 水保工程进度控制的内容、措施和方法

明确水保工程进度目标控制体系、施工进度计划的申报与审批及水保工程施工计划的申报及审批流程、施工进度的过程控制措施；明确水保工程施工进度的过程控制内容和方法；明确水保工程停工、复工流程及主要内容；明确工期延误及工程延误的处理。

5 水保工程投资控制的内容、措施和方法

明确水保投资控制的目标体系、水保工程计量与支付相关程序、要求及水保措施变更控制。

6 合同与信息管理

明确合同管理内容、工程变更管理、费用索赔的处理及合同的解除等；明确信息管理体系、信息的收集和整理要求等。

7 水保问题处理

明确一般性水保问题及重大水保问题的处理流程和方法。

8 工程各水保防治区监理实施细则

针对输电线路塔基区、塔基施工场地、施工道路区、牵张场、房屋拆建区、施工生产生活区等防治区明确水保监理实施细则。

9 监理工作计划

介绍水保监理计划。

JHS6：水保监理工作总结报告

水保监理工作总结报告

1 工程概况

1.1 工程地理位置

说明工程在行政区划中所处位置，线路工程应说明起点、走向、途径县（市）、主要控制点和终点。

1.2 工程特性

介绍工程建设性质、项目组成（建设内容）及规模，列表说明主要工程特性及技术经济指标。

1.3 工程占地及土石方情况

介绍工程实际永久占地、临时占地面积及类型；工程挖填土石方量、弃土场、取土场基本情况或土石方综合利用方式。

1.4 工程建设情况

工程建设情况包括但不限于以下内容：

（1）开工时间、完工时间、主要建设节点等；

（2）工程参建单位介绍：建设单位、施工单位（分标段）、监理单位（分标段）、设计单位（分标段）等；

（3）工程投资及水保投资情况；

（4）设计的水保设施建设完成情况等。

2 工程水保监理规划

2.1 监理依据

水保相关法律法规、部门规章、标准及规范；工程施工、监理合同文件、水保方案报告书及批复文件、设计文件及建设管理文件等。

2.2 监理内容、目标及方式

结合工程实际情况，简要说明工程水保监理内容、目标及方式。

2.3 监理时段及工作范围

依据监理合同文件及工程水保方案，结合工程实际建设情况，说明工程监理时段及工作范围。

2.4 监理机构及人员组成

介绍工程水保监理机构及人员组成情况。

2.5 监理工作程序

根据本工程特点，制定监理工作总体程序，体现事前控制和主动控制的要求；针对施工准备期、施工期及竣工验收期分别制定监理工作流程图。

2.6 水保问题处理流程

制定水保问题处理流程，确保水保问题整改闭环。

2.7 监理设备、资源投入

介绍水保监理过程监理设备与资源的投入。

3 工程水保监理过程

3.1 监理合同履行情况

依据水保监理合同具体条款，逐条描述合同履行情况；介绍施工各阶段、各分区水保监理执行情况。

3.2 工程水保措施监理

根据工程水保方案防治分区，针对线路工程，介绍施工各阶段、各分区水保措施监理情况，并附相关图片资料。

3.3 水保措施实施情况

根据工程水保方案提出的工程措施、植物措施及临时措施，结合监理情况，分别针对线路逐一介绍施工期措施落实情况、完成量及投资，并附相关措施图片；对水保各防治分区水保工程措施、植物措施及临时措施实际完成量与水保方案要求量对比分析，说明变化原因。

3.4 过程检查及对外协调

介绍水行政主管部门现场监督检查情况及针对检查意见的落实、反馈；上级部门检查工程水保工作开展情况及针对检查意见的落实、反馈。附检查意见及回复文件。

4 工程水保监理效果

4.1 质量控制监理工作成效

介绍施工准备期、施工期及竣工验收期分别采取的水保工程质量控制措施；水保工程项目划分情况；主要的水保工程质量评定工作开展情况及质量评定结果，附评定表及签证；水保工程监理初检组织情况、初检工作开展情况、监理初检结论及成果，附监理初检报告；水保工程竣工验收情况，明确水保工程竣工验收结论。

4.2 进度控制监理工作成效

介绍施工阶段采取的水保工程进度控制措施；对比工程建设进度，介绍水保措施落实进展，说明水保"三同时"落实情况；以图表形式描述工程进度目标完成情况。

4.3 投资控制监理工作成效

介绍工程水保投资控制采取的措施及工程水保投资目标完成情况，并与水保方案估算投资进行对比，说明投资变化主要原因。

5 工作经验与问题建议

介绍工程水保监理工作经验及存在问题，提出下一步工作建议。

6 附件与附图

6.1 监理大事记

包括项目开、竣工时间节点；重要的水保会议；水土流失事件及处置情况；水保纠纷处理；水保监督检查；重要的水保宣传活动等。

6.2 附件

包含监理合同文件（或委托书、中标通知书）、水保方案报告书及批复意见、水保工程质量评定记录（含验收鉴定书）、监理初检报告、水行政主管部门监督检查意见及回复报告等。

6.3 附图

包含项目地理位置及线路走向图、监理工作开展情况相关图片、现场监督检查图片，工程水保工程措施、植物措施及临时防护措施图片等。

JHS7：环保水保监理月（季）报

环保水保监理月（季）报

1）建设项目形象进度。

2）本月环保水保设施施工进度情况。

3）本月环保水保措施落实情况。

4）本月环保水保监理工作情况（工程材料进场检验、环保水保验收、工程支付等）。

5）上月存在问题的整改情况，本月存在的问题及要求。

6）其他需说明事项。

7）下月工作计划。

8）附图及照片。

附录 B

施工阶段环保水保监理工作要点

B.1 施工阶段环境监理工作要点

1. 线路环保应重点关注：声环境、水环境、生态环境、大气环境以及固体废物处置等五类环境影响要素

（1）水污染检查要点：巡视检查混凝土搅拌废水处理设施建设及运行情况，见证水中立塔施工废水和清淤底泥收集、防护及处理设施落实情况；巡视检查涉及跨越水体及在水体附近走线的工程施工废水和废渣收集及处理情况。

（2）噪声防护检查要点：检查施工机械噪声污染防治措施落实情况，选用国务院工业和信息化主管部门、国务院生态环境、住房和城乡建设、市场监督管理等部门公布的低噪声施工设备指导名录中的设备。

（3）大气环境检查要点：检查土石方开挖、爆破、混凝土施工、车辆运输、渣土及散装堆料场等施工活动及施工区域降尘、除尘措施。

（4）生态保护检查要点：跟踪检查施工沿线林木砍伐量、面积、树种及分布情况 核查破坏林地异地恢复的种类、数量和位置是否符合林业和环境保护法规相关要求；巡视检查施工临时占地选址及生态防护措施落实情况；跟踪检查施工占用农田面积、种类及耕植土保护情况，核查土地整治、耕植土覆盖；跟踪检查施工破坏草地面积、草种及分布情况，核查表土及草皮剥离、保护、回覆及植被恢复情况；巡视检查防止水土流失、植被破坏的防护设施的建设及规范运行情况；核查临时用地的恢复情况，跟踪检查施工单位环保拆迁及迹地恢复情况。

（5）固体废物处理检查要点：巡视检查施工现场、材料站和生活营区的建筑垃圾及生活垃圾收集、储存、处置措施落实情况。

（6）涉及生态敏感区环境监理应包含：

1）审核涉及生态敏感区作业活动的申请。

2）检查施工单位在生态敏感区及其外围保护地带内施工活动场所的防护设施、公告牌、警戒线、警示标识设置状况。

3）现场监督施工单位按照已批准的专项施工方案组织施工，落实环境影响评价文件及其批复意见、设计文件提出的环境污染防治措施及生态保护措施。

4）在生态敏感区特定区域或保护区周围进行施工时，旁站施工废弃物处理、施工废污水收集处理、施工降噪防护等环保措施落实情况，采取巡检的方式，监督施工行为远离法律法规禁止建设的敏感区域。

5）项目区涉及列入国家和地方重点保护名录的动、植物资源时，旁站监理重点保护野

生动物主要分布区域的施工作业行为，监督施工作业避开动物繁殖、哺乳等特殊时期，旁站或见证重点保护植物植被的就地保护、异地移植等保护措施，并监督施工单位按照环境影响评价文件及批复文件要求进行迹地恢复。

2. 环保质量监理

（1）大气环保措施：对土石方开挖、爆破、混凝土施工、车辆运输、渣土及散装堆料场等施工活动及施工区域进行检查，监督施工单位严格执行相应的降尘、除尘措施，粉尘排放应符合《大气污染物综合排放标准》（GB 16297—1996）中相应标准要求，所在区域应满足《环境空气质量标准》（GB 3095—2012）中相应标准要求。

（2）水环保措施：检查基础施工泥浆、施工现场拌和废水、砂石料冲洗及物料清洗筛选废水、机修含油废水等施工废水处理情况及排放方式；检查施工人员生活污水处理情况及排放方式，外排废水水质应符合《污水综合排放标准》（GB 8978—1996）中相应排放标准，纳污水体在排污断面处水质应满足《地表水环境质量标准》（GB 3838—2002）中相应标准要求。

（3）声环保措施：对土石方开挖、爆破、砂石料生产、混凝土施工、车辆运输等施工活动进行检查，监督施工单位严格落实消除和降低噪声的措施，噪声排放应符合《建筑施工场界环境噪声排放标准》（GB 12523—2011）中相应标准要求，所在区域应满足《声环境质量标准》（GB 3096—2008）中相应标准要求；检查工程爆破控制技术的实施、爆破密集区域的设置、爆破时间的执行情况；督促承包单位合理安排施工计划，对声环保目标产生较大影响的作业活动应限制夜间施工；检查施工期间声环境敏感区域隔声、消声、降噪设备设施安装布设情况。

（4）固体废弃物处置措施：对弃土、弃渣、焊条焊渣、废弃物金属材料收集、储存、处置情况进行检查；监督施工单位按照环境影响评价文件及设计要求处置固体废弃物，弃渣（土）和底泥的堆放和处置应满足《一般工业固体废物贮存和填埋污控制标准》（GB 18599—2020）的要求，监督施工单位按照《危险废物贮存污染控制标准》（GB 18597—2023）处理废油等危险废物，督促施工单位对建筑垃圾和生活垃圾进行有序堆放、合理处置。

B.2 施工阶段水保监理工作要点

1. 水土流失防治范围监督控制

（1）对输电线路工程塔基及塔基施工场地、施工便道、牵张场、施工营地、临时材料堆放场地、索道施工区、跨越施工场地及其他临时施工场地（如房屋拆迁场地、专项设施拆建区）的占地性质、选址合理性及现场布置情况进行检查；核实线路工程相关区域占地面积及防治责任范围是否在批复的水土保持方案设计范围内。

（2）对施工便道长度、宽度及占地性质进行核实、统计，与水保方案批复的施工便道长度进行对比，判定确定是否造成重大变更；加强施工便道建设监督、管理，严禁施工单位肆意开辟道路。

2. 水保监理应重点开展以下工作，并采集现场图片及影像资料

（1）材料运输阶段：根据不同地形地貌，不同运输方式，材料运输可采用机械化运输、索道运输及人工运输三种方式。临时道路修筑阶段扰动主要来自道路修筑，运输车辆、机械设施的碾压，场地恢复阶段主要为恢复原地貌。应对水土保持方案及设计提出的限界措施、表土及养护、临时堆土拦挡及防护、裸露场地苫盖、砂石料等施工材料铺垫、临时排水及沉沙、截排设施，土地整治、耕地恢复、撒播草籽、栽植乔灌木等措施实施情况进行检查。

（2）基础施工与铁塔组立阶段：主要扰动区域为塔基区及塔基施工区，基础施工结束后进入组塔施工阶段，因组塔施工扰动区域主要为塔材堆放区及组塔机械设备占压的区域，大部分区域不再产生大范围扰动，因此，后续施工不再扰动的区域进入场地恢复阶段，需对该区域进行迹地恢复。如涉及材料站、临时堆土场、施工平台等临时占地区，也需对临时占地区采取水土流失防护措施。应对水土保持方案及设计提出的限界措施、表土及养护、临时堆土拦挡及防护、裸露场地苫盖、砂石料等施工材料铺垫、临时排水及沉沙、截排设施，土地整治、耕地恢复、撒播草籽、栽植乔灌木等措施实施情况进行检查，并关注多余表土、余土综合利用方向。

（3）架线阶段，架线阶段水土流失影响主要来自塔基区、牵张场、跨越施工场，主要影响为设备占压影响。应对水土保持方案及设计提出的限界措施、表土及养护、临时堆土拦挡及防护、裸露场地苫盖、砂石料等施工材料铺垫、临时排水及沉沙、截排设施，土地整治、耕地恢复、撒播草籽、栽植乔灌木等措施实施情况进行检查。

（4）工程主体施工结束后，监督指导施工单位拆除、清理施工临时占地区建（构）筑物，进行土地整治，恢复植被或复耕。

（5）对现场检查发现水保措施（设施）实施不符合水保方案及设计要求，或水保设施防治效果不佳等问题，进行取证及监理记录，及时以监理通知单的形式通知施工单位，限期整改，并跟踪整改结果，确保整改闭环。

3. 水保质量监理

（1）工程措施：依据水保方案及工程水保专项设计，对水保工程质量逐项进行检测检验。

1）表土剥离与回覆：对表土剥离区域、方法、厚度、工程量、投资及表土堆存方式进行核查，查阅并收集表土剥离相关施工及工程监理资料，检查表土回覆效果。

2）草皮剥离与回铺：对草皮剥离与回铺的区域、面积与方法、厚度、工程量及投资进行核查；检查草皮堆存方式、养护措施及有效性；检查草皮回铺的间隙及效果、灌缝的措施及实施情况。

3）挡土墙：对弃渣场挡土墙实施时间、位置、尺寸、工程量、投资等进行核查；检查并收集混凝土试验报告、施工及工程监理记录、弃渣场挡土墙质量评定资料；检查挡土墙防治效果。

4）排水沟：对排水沟实施时间、位置、尺寸、工程量、投资等进行核查；检查并收集混凝土试验报告、施工及主体监理记录、排水沟质量评定资料；检查排水沟防治效果。排水沟主要包括弃渣场截排水沟、线路截排水沟及截洪沟等。

5）护坡：对工程护坡实施时间、规格、工程量、投资进行核查；检查并收集混凝土试验报告、施工及主体监理记录、工程护坡质量评定资料；检查工程护坡防治效果。工程护坡主要包括浆砌石护坡、混凝土预制块护坡等。

6）土地整治：对线路土地整治措施实施时间、方式、工程量、投资等进行核查；检查并收集施工及主体监理记录、土地整治措施质量评定资料，检查防治效果。土地整治措施主要包括场地平整、碎石压盖、土地复耕等。土地复耕重点关注土地复耕的质量、效果；土地复耕的适宜性及土地复耕的用途。

7）工程固沙：对线路固沙措施实施时间、方式、工程量、投资等进行核查；检查并收集施工及主体监理记录、工程固沙措施质量评定资料，检查防治效果。

（2）植物措施：依据水保方案及水保专项设计文件，对水保植物措施质量进行检测检验。

1）种草：按照设计检查草种和撒播密度；各类草种混交比例；草种标签、检验证书；草种种纯度、发芽率，质量合格证及检疫证；种草的位置、布局、密度以及配置；整地翻土深度与质量；施工工艺方法；质量保证期的抚育管理；草种发芽率、覆盖度等指标。组织开展各场地种草措施的质量评定及验收签证工作。

2）造林：按照设计检查林种、林型、树种和造林密度、整地形式是否适合立地条件；各类树种混交比例和树苗质量与施工质量；苗木的生长年龄、苗高和地径；起苗、包装、运输和贮藏（假植）；苗木根系完整性，苗木标签、检验证书，外调苗木的检疫证书；育苗、植播造林所用籽种纯度、发芽率，质量合格证及检疫证；造林的位置、布局、密度以及配置；整地的形式、规格尺寸与质量；施工工艺方法；质量保证期的抚育管理；造林成活率。组织开展各场地造林措施的质量评定及验收签证工作。

（3）临时措施：依据水保方案及水保专项设计文件，对水保临时措施质量进行检测检验。

1）临时苫盖措施：对施工各阶段各施工位置临时苫盖措施的实施时间、工程量及投资进行核查，检查临时苫盖措施的有效性及防治效果、苫盖材料更替情况；跟踪临时苫盖完成后苫盖材料的处置去向。临时苫盖措施主要包括密目网苫盖、彩条布苫盖等。

2）临时隔离措施：对草地、草甸等植被覆盖区域或环境敏感位置临时隔离措施的实施时间、工程量及投资进行核查，检查临时隔离措施的有效性及防治效果、隔离材料更替情况；跟踪临时隔离措施完成后隔离材料的处置去向。临时隔离措施主要包括彩条布隔离、棕垫隔离、草垫隔离等。

3）临时拦挡措施：临时拦挡措施布置的适宜性、临时拦挡的防护时间、临时拦挡的位置及长度、临时拦挡的断面尺寸及临时拦挡措施投资进行核查，检查临时拦挡措施拦挡效果；跟踪临时拦挡完成后拦挡材料的处置去向。临时拦挡措施主要包括编制袋装土挡护、干砌石挡护等。

4）临时排水措施：对临时排水沟布置的适宜性、防洪标准、临时排水沟的位置及长度、临时排水沟的规模及断面尺寸、投资，检查临时排水沟的防护效果；跟踪临时排水沟后期回填恢复情况。

5）临时沉沙措施：对临时沉沙池布置位置、适宜性、防洪标准、数量、尺寸及投资等进行核实，检查临时沉沙池清理情况及防治效果；跟踪临时沉沙池后期回填恢复情况。

附录 C

环保水保工艺标准

依据环保水保设计图纸、标准规范及项目管理实施规划，项目总工组织编制环保水保专项施工方案，实现"一塔一图"单基策划，施工单位安全、质量、技术等职能部门审核，施工单位技术负责人批准，报监理项目部审批。施工项目部应依据审批通过的专项施工方案逐项开展环保水保施工作业，其中线路工程包括大气环境、水环境、声环境、固体废物、电磁环境、生态环境 6 类环境要素，涉及相关措施 21 项；表土保护、拦渣、临时防护、边坡防护、截排水、土地整治、防风固沙、植被恢复 8 类水土保持工程，涉及相关措施 21 项。

1. 环境保护措施落实

线路工程环境保护措施按环境要素主要分为大气环境保护措施、水环境保护措施、声环境保护措施、固废防治措施、电磁控制措施和生态环境保护措施。

资料成果：《环保水保专项施工方案》。

1.1 大气环境保护措施

目的：降低在设备材料运输、施工土方开挖、堆土堆料作业等过程中产生的施工扬尘，满足《大气污染物综合排放标准》（GB 16297—1996）或者地方排放标准限值的要求。

主要采取措施为洒水抑尘、雾炮机抑尘、密目网苫盖抑尘、全封闭车辆运输。

1.1.1 洒水抑尘

适用阶段：施工全过程。

适用范围：施工道路和施工场地各起尘作业点的扬尘污染防治。

工艺标准：

（1）施工现场应建立洒水抑尘制度，配备洒水车或其他洒水设备。

（2）每天宜分时段喷洒抑尘三次。

（3）每次抑尘洒水量通常按 $1\sim2L/m^2$ 考虑。

施工要点：

（1）洒水抑尘应根据天气、扬尘及施工运输情况适当增加或减少喷洒次数。

（2）遇有 4 级以上大风或雾霾等重污染天气预警时，宜增加喷洒次数。

洒水抑尘如图 C.1 所示。

1.1.2 雾炮机抑尘

适用阶段：基础工程。

适用范围：材料装卸、土方开挖及回填阶段等固定点式作业过程的扬尘污染防治。

图 C.1 洒水车洒水抑尘

工艺标准：

（1）应选择风力强劲、射程高（远）、穿透性好的雾炮机，可以实现精量喷雾，雾粒细小，能快速抑尘，工作效率高。

（2）根据施工场地需抑尘的范围选择雾炮机的射程和数量。

（3）雾炮机可根据粉尘大小选择是单路或者双路喷水，起到节水功能。

施工要点：

（1）启动前，首先确认工具及其防护装置完好，螺栓紧固正常，无松脱，工具部分无裂纹、气路密封良好，气管应无老化、腐蚀，压力源处安全装置完好，风管连接处牢固。

（2）启动时，首先试运转。开动后应平稳无剧烈振动，工作状态正常，检查无误后再行工作。

图 C.2　雾炮机抑尘

（3）雾炮机维修后的试运转，应在有防护封闭区域内进行，并只允许短时间（小于 1min）高速试运转，任何时候切勿长时间高速空转。

雾炮机抑尘如图 C.2 所示。

1.1.3　密目网苫盖抑尘

适用阶段：施工全过程。

适用范围：堆土、堆料场等起尘物质堆放点及裸露地表区域的扬尘污染防治。

工艺标准：

（1）遮盖应根据当时起尘物质进行全覆盖，不留死角；密目网的目数不宜低于 2000 目。

（2）密目网应拼接严密、覆盖完整，采用搭接方式，长边搭接宜不少于 500mm，短边搭接宜不少于 100mm。

（3）坚持"先防护后施工"原则，及时控制施工过程中的扬尘污染和水土流失；苫盖应密闭，减少扬尘及水土流失可能性。

施工要点：

（1）密目网应成片铺设，为保证效果以及延长寿命，应尽量减少接缝，无法避免的接缝采用手工缝制。

（2）密目网应采用可靠固定方式进行固定，压实压牢，能够在一定时间段内起到良好的防风抑尘效果。

（3）密目网管理要明确专人负责，废弃、破损的密目网要及时回收入库，严禁现场填埋、现场焚烧和随意丢弃，避免造成二次污染。

密目网苫盖抑尘如图 C.3 所示。

1.1.4　全封闭运输车辆

适用阶段：基础工程。

适用范围：建筑垃圾、砂石、渣土运输过程的扬尘污染防治。

工艺标准：运输车应加装帆布顶棚平滑式装置，全覆盖后与货箱栏板高度持平，车厢尾部栏板加装反光放大号牌。

（a）基础施工抑尘措施	（b）组塔施工抑尘措施

图C.3　密目网苫盖抑尘

施工要点：

（1）建筑垃圾、砂石、渣土运输车辆上路行驶应严密封闭，不得出现撒漏现象。

（2）未加装帆布顶棚的运输车辆不予装载，严禁超限装载。

（3）按当地规定运输时段进行运输，确需夜间运输需按当地要求办理相关手续。

（4）运输车辆上路前需进行清洗除尘。

全封闭运输车辆如图C.4所示。

1.2　水环境保护措施

目的：采取措施尽可能回收施工机械清洗、场地冲洗、建材清洗和混凝土养护过程产生的废水，基础开挖、钻孔等过程中形成的泥浆水及施工人员产生的生活污水，满足《污水综合排放标准》（GB 8978—1996）或者地方排放标准等相应标准限值要求。

图C.4　全封闭运输车辆

主要措施包括泥浆沉淀池、临时水冲式厕所、临时化粪池、移动式生活污水处理装置。

1.2.1　泥浆沉淀池

适用阶段：基础工程。

适用范围：混凝土养护或灌注桩基础施工、钻头冷却产生的泥浆废水的处理处置。

工艺标准：

（1）灌注桩基础施工应设泥浆槽、沉淀池。

（2）泥浆池采用挖掘机开挖，四周按要求放坡。开挖应自上而下，逐层进行，严禁先挖坡脚或逆坡开挖。

（3）泥浆池、沉淀池开挖后，须进行平整、夯实；为防池壁坍塌，池顶面需密实。

（4）泥浆池四周及底部应采取防渗措施。

（5）应符合《水利水电工程沉沙池设计规范》（SL/T 269—2019）的要求。

施工要点：

（1）施工中，及时清理沉淀池；清理出来的沉渣集中外运至指定的渣土处理中心处理。

图 C.5 开挖式泥浆池

（2）废泥浆用罐车送到指定的处理中心进行处理。

（3）施工完毕后，应及时清除泥浆池内泥浆及沉渣，及时回填、压实、整平，恢复植被或原有土地功能。

泥浆池如图 C.5 所示。

1.2.2 临时水冲式厕所

适用阶段：施工全过程。

适用范围：施工人员生活污水的处理处置。

工艺标准：

（1）施工生活区应设置临时水冲式厕所，每 25 人设置一个坑位，超过 100 人时，每增加 50 人设置一个坑位，男厕设 10 个坑位，女厕设 1 个坑位。

（2）施工生产区的水冲式移动厕所应围绕施工区均匀布置，每个移动厕所设置 2 个坑位。

施工要点：

（1）临时厕所的个数及容积应根据施工人员数量进行调整。

（2）临时厕所应保持干净、整洁。

（3）临时厕所应做好消毒杀菌工作。

临时水冲式厕所如图 C.6 所示。

1.2.3 临时化粪池

适用阶段：施工全过程。

适用范围：新建临时营地施工人员生活污水的处理处置。

工艺标准：

（1）临时厕所的化粪池可采用成品玻璃钢化粪池、砌筑化粪池。

图 C.6 临时厕所

（2）砌筑化粪池应进行防渗处理。

（3）化粪池进出管口的高度需要严格控制，管口进行严密的密封。

（4）砌筑化粪池应进行渗漏试验。

（5）施工工地附近有市政排水管网时，化粪池出水可以排放到市政管网；当施工工地附近无市政排水管网时，需要在工地设置生活污水处理装置，处理后的生活污水进行回用（如用于降尘洒水）。

施工要点：

（1）化粪池的进出口应做污水窨井，并应采取措施保证室内外管道正常连接和使用，不得泛水。

（2）化粪池顶盖面标高应高于地面标高 50mm。

（3）化粪池应定期清掏，及时转运，不得外溢。

临时化粪池如图 C.7 所示。

（a）成品玻璃钢化粪池　　　　　　（b）砌筑化粪池

图 C.7　临时化粪池

1.2.4　移动式生活污水处理装置

适用阶段：施工全过程。

适用范围：人烟稀少地区施工人员生活污水的处理处置。

工艺标准：

（1）与移动式生活污水处理装置配套的集水池、调节池、污泥池应按相关标准施工，采取防渗措施。

（2）移动式生活污水处理装置应选择正规厂家的成熟设备。

施工要点：

（1）移动式生活污水处理装置进水管与泵、出水管与出水管线之间的管道应连接紧密，无渗漏。

（2）设备整体安装完毕后，应试漏合格后方可投入使用。

（3）采用生化法的处理装置，应每天观察生化池内填料情况，需填料全部长满了生物膜方可投入正常运行。

移动式生活污水处理装置如图 C.8 所示。

（a）污水处理箱　　　　　　（b）污水处理车

图 C.8　移动式生活污水处理装置

1.3　声环境保护措施

目的：采取措施控制施工机械产生的噪声，满足《建筑施工场界环境噪声排放标准》（GB

12523—2011）中的标准限值要求。

主要措施包括设立围挡、车辆禁鸣、错时作业。

适用阶段：施工全过程。

适用范围：施工期间噪声的控制。

工艺标准：

（1）施工场地周围应尽早建立围栏等遮挡措施，尽量减少施工噪声对周围声环境的影响。

（2）运输材料的车辆进入施工现场严禁鸣笛。

（3）夜间施工需取得县级生态环境主管部门的同意。

施工要点：

（1）夜间施工时禁止使用高噪声的机械设备。

图 C.9　彩钢板围挡隔声

（2）在居民区禁止夜间打桩等作业。

（3）施工现场的机械设备，宜设置在远离居民区侧。

施工噪声控制措施如图 C.9 所示。

1.4　固废防治措施

目的：控制、处理施工过程产生的建筑垃圾、房屋拆迁产生的建筑垃圾、原材料和设备包装物、临时防护工程产生的废弃织物。

主要措施包括通过建筑垃圾清运、废料和包装物回收与利用、施工场地垃圾箱。

1.4.1　建筑垃圾清运

适用阶段：施工全过程。

适用范围：施工区域建筑垃圾的清运。

工艺标准：

（1）建筑垃圾应分类集中堆放，及时清运。

（2）建筑垃圾清运车辆应满足国家、地方和行业对机动车安全、排放、噪声、油耗的相关法规及标准要求。

（3）建筑垃圾清运车辆的外观、结构和密闭装置及监控系统应符合国家和地方的相关规定。

（4）建筑垃圾清运应按当地管理规定办理相关手续。

（5）建筑垃圾应按批准的时间、路线清运，在市政部门指定的消纳地点倾倒。

施工要点：

（1）建筑垃圾清运车辆应封闭严密后方可出场，装载高度不得高出车厢挡板。

（2）建筑垃圾清运车辆出场前应将车辆的车轮、车厢吸附的尘土、残渣清理干净，防止车辆带泥上路。

（3）建筑垃圾运输过程中应切实达到无外露、无遗撒、无高尖、无扬尘的要求。

（4）建筑垃圾清运车辆要按当地规定运输时段运输，夜间运输需按当地要求办理相关手续。

建筑垃圾密闭运输车辆如图 C.10 所示。

1.4.2 废料和包装物回收与利用

适用阶段：施工全过程。

适用范围：施工废料、原材料和设备包装物回收，包括导线头、角铁，设备包装箱、纸、袋，保护设备的衬垫物，导线轴等。

图 C.10　建筑垃圾密闭运输车辆

工艺标准：

（1）施工中可回收的废料、包装物应收集，并集中存放。

（2）可在工程中使用的包装物应优先回用于工程，如编织袋可装土用于临时防护。

（3）原材料和设备厂家能回收的包装物宜由其回收，不能回收的宜委托有资质单位回收利用。

（4）不能回收利用废料、包装废弃物应交由有资质单位做资源化处理。

（5）废料、包装物属于国家电网有限公司物资管理范畴的，其回收与利用应按国家电网有限公司规定执行。

施工要点：

（1）不同材料的包装物应分类收集、存放。

（2）包装物的回收与利用不应产生二次污染。

（3）应设专人负责包装物的回收与利用。

钢筋回收如图 C.11 所示。

图 C.11　钢筋回收

1.4.3 施工场地垃圾箱

适用阶段：施工全过程。

适用范围：施工生产区、办公区和生活区。

工艺标准：

（1）施工场地应设置垃圾箱对生活垃圾进行集中收集，垃圾箱的数量应根据现场实际情况设定。

（2）施工生活区宜配置分类垃圾箱，分类垃圾箱设置根据施工所在地要求执行。

（3）施工现场应设置封闭式垃圾转运箱，并定期清运。

（4）施工生活区垃圾箱数量可按平均每人每天产生 1kg 垃圾进行设置。

（5）垃圾转运箱设置 1~2 个。

（6）项目所在地有相关规定的，应按相关规定执行。

施工要点：

（1）垃圾箱应摆放整齐，外观整洁干净。

（2）设置专人负责生活区、办公区、施工生产区的清扫及生活垃圾的收集工作。

（3）生活垃圾定期清运。

分类垃圾箱、垃圾收集转运箱如图 C.12 所示。

（a）分类垃圾箱 　　　　　　　（b）垃圾收集转运箱

图 C.12　分类垃圾箱、垃圾收集转运箱

1.5　电磁控制措施

目的：预防输电线路平行接近或跨越带电运行线路施工时产生的感应电伤人。

预防输电线路设备电晕放电引起的运行期噪声、无线电感应干扰偏大。

主要措施包括感应电预防、设备尖端放电预防、高压标识牌。

1.5.1　感应电预防

适用阶段：组塔、架线工程。

适用范围：平行接近或跨越带电线路施工。

工艺标准：

（1）进行临电作业时，应保证安装的设备和施工机械均接地良好。

（2）架线时，张力机、牵引机前端的钢丝牵引绳应采取接地滑车释放感应电。

（3）放线挡中间的直线塔应按要求设置接地放线滑车。

（4）紧线后耐张塔附件后应采用接地线将绝缘子两侧金具短路连接。

（5）临近带电体的作业人员应穿屏蔽服，高空人员应正确使用安全带等防护用品。

（6）可采取自动确定临电距离的设备或监测方法，保证作业人员对带电体净空距离满足安全要求。

施工要点：

（1）临时围挡设置应牢固，要保证足够的安全距离，要有人员防误入带电区措施。

（2）设备、机械的接地连接要可靠，接地钢钎等接地体要设置稳固，接地电阻要满足要求。

（3）张力机等设备前的接地滑车、直线塔接地滑车设置位置应保证可靠接地效果。

（4）屏蔽服使用前必须仔细检查外观质量，如有损坏即不能使用。穿着时必须将衣服、帽、手套、袜、鞋等各部分的多股金属连接线按照规定次序连接好，并且不能和皮肤直接接触，屏蔽服内应穿内衣。屏蔽服使用后必须妥善保管，不与水气和污染物质接触，以免损坏，影响电气性能。

临近电作业感应电预防如图 C.13 所示。

图 C.13　人员穿着屏蔽服作业

1.5.2　设备尖端放电预防

适用阶段：架线工程。

适用范围：线路电气安装。

工艺标准：

（1）线路施工应采取张力架线工艺，避免导线落地产生摩擦。

（2）线路紧线、附件作业应落实导线质量保护工艺，降低导线损伤发生概率。

施工要点：

（1）导线出现磨损时，应用砂纸打磨等方式处理合格。

（2）调整板、开口销、均压环等安装工艺要按规定进行，调整板朝向、开口销角度、均压环与绝缘子、金具的距离均应满足降低尖端放电的要求。

（3）架线时张力机轮径、放线滑车轮径应满足工艺要求，轮槽不应有破损，避免导线损伤。

图 C.14　设备尖端放电预防

（4）导线压接及金具连接需接触地面时，应做好铺垫，防止磨伤设备。

设备尖端放电预防如图 C.14 所示。

1.5.3　高压标识牌

适用阶段：架线工程。

适用范围：线路铁塔的高压标识牌。

工艺标准：

（1）高压标识牌的材质、样式和规格应符合国家电网有限公司相关规定要求。

（2）高压标识牌的安装位置可根据实际情况确定，同一工程标识牌距地面安装高度应统一。

（3）每基塔均应设置高压标识牌，安装位置可结合塔位牌一同考虑。

施工要点：

（1）高压标识牌宜采用螺栓固定，牢固可靠。

（2）定期检查高压标识牌，出现脱落、污损应及时补装、更换。

高压标识牌如图 C.15 所示。

图 C.15 线路高压标识牌

1.6 生态环境保护措施

目的：减少施工活动如场地平整、基坑（槽）开挖、混凝土浇筑、铁塔组立、架线施工、施工人员和车辆进出等对地表植被、土壤的扰动和破坏，减少对工程周围动物的影响。

主要措施包括施工限界、棕垫隔离、彩条布铺垫与隔离、钢板铺垫、孔洞盖板、迹地恢复。

1.6.1 施工限界

适用阶段：施工全过程。

适用范围：塔基区、施工便道、牵引场、张力场、施工营地等区域的施工限界。

工艺标准：

（1）施工现场应采取限界措施，以限制施工范围，避免对施工区域外的植被、土壤等造成破坏。

（2）施工限界可视现场情况采取彩钢板围栏、硬质围栏、彩旗绳围栏、安全警示带等限界措施。

（3）彩钢板围栏、硬质围栏、彩旗绳围栏质量应符合相关标准要求。

（4）彩钢板围栏各构件安装位置应符合设计要求。

（5）彩钢板围栏、硬质围栏等宜采用重复利用率高的标准化设施。

施工要点：

（1）线路塔基区、牵引场、张力场可采用彩旗绳进行限界。

（2）彩钢板围栏应连续不间断，现场焊接部件位应正确，无假焊、漏焊。

（3）施工过程中应定期检查限界措施的完整性，破损时应及时更换或修补。

施工限界如图 C.16 所示。

（a）硬质围栏限界

（b）彩旗绳限界

图 C.16 施工限界

1.6.2 棕垫隔离

适用阶段：施工全过程。

适用范围：地表植被较脆弱、恢复困难的地段。

工艺标准：

（1）棕垫应拼接严密、覆盖完整，搭接宽度应不小于200mm。

（2）棕垫质量应符合相关标准要求。

施工要点：

（1）施工过程中，应每天检查棕垫的完整性，如有破损应及时补修或更换。

（2）施工结束后应及时将棕垫撤离现场。

棕垫隔离如图C.17所示。

（a）施工场地棕垫隔离　　　　　　　（b）运输道路棕垫隔离

图C.17　棕垫隔离

1.6.3　彩条布铺垫与隔离

适用阶段：施工全过程。

适用范围：临时堆土、堆料场、牵张场等。

工艺标准：

（1）彩条布应具有耐晒和良好的防水性能。

（2）严寒地区施工选用的彩条布还应具有耐低温性。

（3）临时堆土、堆料彩条布铺垫的用料量按照堆土面积的1.2倍~3倍计算。

（4）彩条布搭接宽度应不小于200mm。

（5）彩条布质量应符合相关标准要求。

施工要点：

（1）彩条布铺垫前应将场地内石块清理干净。

（2）彩条布设铺设应平整，并适当留有变形余量。

（3）施工时应注意检查彩条布是否有洞或破损。

（4）彩条布应覆盖完整，并检查是否有遗漏。

（5）正常情况下，坡面铺垫时不能有水平搭接。

（6）施工结束后及时撤离彩条布，并妥善处理，避免二次污染。

彩条布隔离与铺垫如图C.18所示。

1.6.4　钢板铺垫

适用阶段：施工全过程。

适用范围：利用田间道路作为施工便道或需占用农田作为临时用地的情况，其他情况可根据环评报告和批复要求、工程地形地质地貌特点等选用钢板铺垫措施。

（a）基础施工场地彩条布隔离与铺垫　　　（b）张力场彩条布隔离与铺垫

图 C.18　彩条布隔离与铺垫

工艺标准：

（1）钢板应采用厚度为 20mm 以上的热轧中厚钢板，级别为 Q235B。

（2）土质结构较为松散的地面，应适当增加钢板的厚度。

施工要点：

（1）钢板铺垫的路面、路线和路宽可视现场实际情况而定。

图 C.19　钢板铺垫

（2）钢板铺设时须纵向搭接，保证车辆行驶时不出现翘头板。

钢板铺垫如图 C.19 所示。

1.6.5　孔洞盖板

适用阶段：基础工程。

适用范围：于动物活动频繁区域。

工艺标准：

（1）动物保护基坑盖板的实施宜在当地林业部门的指导下进行。

（2）应能防止附近的野生动物跌落入塔基基坑。

（3）孔洞盖板的制作应符合国家电网有限公司相关规定，当林业部门有特殊要求时从其要求。

施工要点：

（1）合理规划协调施工工期，最大限度避开野生动物的重要生理活动期，如繁殖期（5～8 月）中的高峰时段。

（2）每天施工撤离前应对所有的施工挖孔基础或桩基础基坑进行检查，是否全部覆盖了基坑盖板。

孔洞盖板如图 C.20 所示。

（a）实物图

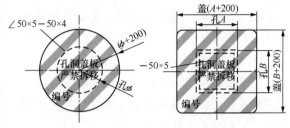
（b）示意图（单位：mm）

图 C.20　孔洞盖板

1.6.6　迹地恢复

适用阶段：施工全过程。

适用范围：房屋拆迁和施工临时占地的恢复。

工艺标准：

（1）房屋建筑、施工临建拆除后，硬化地面需剥离，基础需挖除，产生的建筑垃圾处理和运输应符合相关法律法规要求。

（2）硬化地面剥离、基础挖除后，需对迹地进行平整，以达到土地平坦，坡度不超过 5°。

（3）平整后的土地应及时恢复地表植被或原有使用功能。

（4）施工临时堆土场、堆料场，临时道路，牵张架线场等临时占地应在占用结束后及时恢复地表植被或原有使用功能。

（5）房屋建筑、施工临建拆除应彻底，禁止残留墙体、硬化地面和基础。

施工要点：

（1）房屋建筑、施工临建拆除过程应注意保护周围地表植被、控制扬尘。

（2）房屋建筑、施工临建拆除形成的建筑垃圾应全部清运，禁止原地掩埋。

（3）迹地平整可采取推土机和人工相结合的作业方式，即采用推土机初平然后人工整平。

（4）拆迁后或临时占用后的迹地应恢复至满足耕种的条件，非耕地视情况实施植被恢复并保证成活率。

迹地恢复如图 C.21 所示。

（a）房屋拆迁中

（b）迹地恢复后

图 C.21　迹地恢复

2. 水土保持措施落实

线路工程水土保持措施按照单位工程主要分为表土保护措施、拦渣工程措施、临时防护措施、边坡防护措施、截排水措施、土地整治措施、防风固沙措施和植被恢复措施。

资料成果：《环保水保专项施工方案》《水土保持单元工程质量检验及评定记录表》。

2.1 表土保护措施

目的：保护和利用因开挖、填筑、弃渣、施工等活动破坏的表土资源。

主要措施包括表土剥离、表土回覆、表土铺垫保护、草皮剥离养护及回铺。

2.1.1 表土剥离、保护

适用阶段：基础工程。

适用范围：扰动地表的永久及临时征占地范围，包括地表开挖或回填施工区域。

工艺标准：

（1）满足《生产建设项目水土保持技术标准》（GB 50433—2018）和《土地利用现状分类》（GB/T 21010—2017）相关要求。

（2）应把表土集中堆放并完成苫盖，表土中不应含有建筑垃圾等物质。

（3）表土剥离厚度根据表层熟化土厚度确定，一般为100～600mm；平原区塔基原地类为耕地、草地的，表土剥离厚度一般为300mm；山丘区塔基、施工临时道路原地类为草地、林地的，剥离厚度一般为100mm；高寒草原草甸地区，应对表层草甸进行剥离；对于内蒙古草原生态比较脆弱的区域应考虑减少扰动和表土剥离。

施工要点：

（1）定位及定线。将不同的剥离单元进行画线，标明不同单元土壤剥离的范围和厚度。当剥离单元内存在不同的土层时，应分层标明土壤剥离的厚度

（2）清障。实施剥离前，应清除土层中较大的树根、石块、建筑垃圾等异物，不影响施工及余土堆放的灌木、乔木应做好保护。

（3）表土剥离。在每一个剥离单元内完成剥离后，应详细记载土壤类型和剥离量；在土壤资源瘠薄地区，如需进行犁底层、心土层等分层剥离，应增加记载土壤属性；表土较薄的山区表土、草甸区草甸土可采取人工剥离；土层较厚的平原区可采取机械剥离。

（4）临时堆放。剥离的表土需要临时堆放时，应选择排水条件良好的地点进行堆放，并采取保护措施；表土较薄的山区表土应装入植生袋就近存放；土层较厚的平原区可采用就近集中堆存或异地集中堆存。

（5）其他方面的要求如下：

1）当剥离过程中发生较大强度降雨时，应立即停止剥离工作。在降雨停止后，待土壤含水量达到剥离要求时，再开始剥离操作。因受降雨冲刷造成土壤结构严重破坏的表土面应予清除。

2）禁止施工机械在尚未开展土壤剥离的区域运行；应确保施工作业面没有积水。

3）对剥离后的土壤应进行登记，详细载明运输车辆、剥离单元、储存区或回覆区、土壤类型、质地、土壤质量状况、数量等，并建立备查档案。

表土剥离如图 C.22 所示。

（a）机械剥离 （b）表土集中堆存

图 C.22　表土剥离

2.1.2　表土回覆

适用阶段：施工全过程。

适用范围：施工结束后，需要进行植被建设、复耕的区域。

工艺标准：

（1）满足《生产建设项目水土保持技术标准》（GB 50433—2018）和《土地利用现状分类》（GB/T 21010—2017）的相关要求。

（2）应采用耕植土或其他满足要求的回填土，回填土中不应含有建筑垃圾等物质。

（3）回填时应封层夯实，回填土的夯实系数应达到设计要求。

（4）应保证地表平整。

（5）覆土厚度应根据土地利用方向、当地土质情况、气候条件、植物种类以及土源情况综合确定。一般情况下农业用地 300～600mm，林业用地 400～500m，牧业用地 300～500m。园林标准的绿化区可根据需要确定回覆表土厚度。

（6）回覆位置和方式应按照植被恢复的整地方式进行。平地剥离的表土数量足够时，一般将绿化及复耕区域全面回覆；坡地剥离的表土数量较少时，采用带状整地的可将绿化及复耕区域全面回覆，采用穴状整地的应将表土回覆于种植穴内。

（7）若剥离的表土不满足种植要求时，应外运客土回覆。

施工要点：

（1）画线。土地整治完成，回覆区确定后，应通过画线，明确回覆区范围；并根据恢复植被的种植要求和种植整地设计，划分回覆单元（条带），确定每个回覆单元的覆土范围和厚度。

（2）清障。应清除回填区域内土壤中的树根、大石块、建筑垃圾等杂物，保证回填区域地表的清洁。

（3）卸土、摊铺、平整。表土回覆应在土壤干湿条件适宜的情况下进行。应按照恢复植被的种植方向逐步后退卸土，土堆要均匀，摊铺厚度以满足设计覆土厚度为准。边卸土边摊铺，在摊铺完成后，采用荷重较低的小型机械或耙犁进行平整。当覆土厚度不满足耕作层厚度时，应用工进行局部修复。

（4）翻耕。表土回覆后，视土壤松实程度安排土地翻耕，使土壤疏松，为植物根系生长创造良好条件。同时通过农艺措施和土壤培肥，不断提升地力，逐步达到原始地力水平。

（5）避开雨期施工，必要时在回覆区开挖临时排水沟。

表土回覆如图 C.23 所示。

（a）机械回覆　　　　　　　　　　　（b）人工回覆

图 C.23　表土回覆

2.1.3　表土铺垫保护

适用阶段：施工全过程。

适用范围：由于人员走动或设备占压而对地表产生扰动的区域。

工艺标准：

（1）裸露的地表可选用彩条布铺垫在底部再集中堆存表土，减少对原地貌的扰动，堆土边沿用装入表土的植生袋进行拦挡，堆土上部用密目网苫盖避免扬尘。

（2）彩条布搭接宽度应不小于200mm。

（3）彩条布质量应符合相关标准要求。

施工要点：

（1）彩条布铺垫前应将场地内石块清理干净。

（2）彩条布设铺设应平整，并适当留有变形余量。

（3）施工时应注意检查彩条布是否有洞或破损。

（4）彩条布应覆盖完整，并检查是否有遗漏。

（5）施工结束后及时撤离彩条布，并妥善处理，避免二次污染。

表土铺垫保护如图 C.24 所示。

2.1.4　草皮剥离、养护及回铺

适用阶段：施工全过程。

适用范围：青藏高原等高寒草原草甸地区草皮的保护与利用。

工艺标准：

（1）满足《生产建设项目水土保持技术标准》（GB 50433—2018）的相关要求。

图 C.24　表土铺垫保护

（2）应把草坪妥善保存好，尽量不要破坏根系附着土。

（3）应该定期浇水。

（4）草皮回铺时应压实，压实系数应达到设计要求。

（5）应保证地表平整。

施工要点：

（1）原生草皮剥离。按照 500mm×500mm×（200～300mm）（长×宽×厚）的尺寸规格，将原生地表植被切割剥离为立方体的草皮块，移至草皮养护点；剥离草皮时，应连同根部土壤一并剥离，尽量保证切割边缘的平整；必须在根系层以下保留 30～50mm 的裕度，以保证根系完整并与土壤良好结合，确保草皮具有足够的养分来源；草皮剥离和运输过程中，应避免过度震动而导致根部土壤脱落；此外，要对草皮下的薄层腐殖土就近集中堆放，用于后期草皮回移时的覆土需要。

（2）剥离草皮养护。草皮养护点可选择周边空地、养护架或纤维袋隔离的邻近草地上，后者的草皮厚度需控制在 4 层之内。分层堆放草皮块时，需采用表层接表层、土层接土层的方式。要注意经常洒水，以保持养护草皮处于湿润状态，并在周边设置水沟，将大雨时段的多余降水及时排走，避免草皮长期处于淹没状态而腐烂死亡。养护草皮的堆放时间不宜过长，回填完成后，应立即进行回移。

（3）草皮回移铺植。草皮回铺施工工艺应符合下列规定：

1）草皮回铺区域应回填压实，压实系数应达到设计要求。回铺前应进行土地整治，先垫铺 50～100mm 厚的腐殖土层。在腐殖土层不足的情况下，可利用草皮移植过程中废弃的草皮土。铺植时，把草皮块顺次摆放在已平整好的土地上，铺植后压平，使草皮与土壤紧接。

2）机械铲挖的草皮经堆放和运输，根系会受到一定损伤，铺植前要弃去破碎的草皮块。

3）铺植时，把草皮块顺次摆放在已平整好的土地上，铺植后压平，使草皮与土壤紧接。

4）铺植时应减少人为原因造成草皮损坏，影响成活率；同时，尽量缩小草皮块之间的缝隙，并利用脱落草皮进行补缝。

5）应尽量保证回铺草皮与周边原生草皮处于同一平面以提高成活率。

草皮剥离及养护如图 C.25 所示。草皮回铺如图 C.26 所示。

（a）草皮剥离　　　　　　　　　　　（b）草皮养护

图 C.25　草皮剥离及养护

（a）草皮回铺　　　　　　　　　　　　（b）回铺后养护

图 C.26　草皮回铺

2.2　拦渣工程措施

目的：支撑和防护弃渣体，防止其失稳滑塌的构筑物。

主要措施包括浆砌石挡渣墙、混凝土挡渣墙。

2.2.1　浆砌石挡渣墙

适用阶段：基础工程。

适用范围：山丘区塔基基础余土（渣）的防护。

工艺标准：

（1）浆砌石挡渣墙基础应嵌入原状土，在坐落位置开槽，开槽深度应满足设计要求。

（2）基础开挖及处理工程量符合设计要求。

（3）墙体砌筑工程量应符合设计要求。

（4）砌石砌筑石料规格、砂浆强度符合设计要求，铺浆均匀、灌浆饱满、石块紧靠密实、垫塞稳固、无架空等现象。排水孔位置、数量、尺寸应符合设计要求。沉降缝设置符合设计要求。

（5）墙体砌筑坡比符合设计要求。

（6）墙体断面尺寸应符合设计要求，厚度允许偏差为±20mm，顶面标高允许偏差为±15mm。

（7）墙体砌筑砌缝宽度应符合设计要求，工艺美观。

（8）浆砌石挡渣墙需先制作挡渣墙并达到设计强度后方可在其上坡侧堆置渣土。

施工要点：

（1）基础开挖前，需对挡渣墙坐落位置、余土永久堆存位置清障、剥离表土；剥离的表土应装袋堆存。

（2）根据施工设计图纸，准确计算挡渣墙的轴线位置，然后进行轴线放样，并测量出挡渣墙边线和基石开挖尺寸。浆砌石挡墙基槽开挖可采取人工或机械进行，开挖出的余土堆置于挡渣墙上侧的永久堆土区，用填土植生袋临时拦挡。基槽尺寸、深度应符合设计要求，开挖完毕应会同监理、设计验槽，确定地耐力符合设计要求方可进行挡渣墙墙体施工。

（3）施工过程中应将基础范围内风化严重的岩石、杂草、树根、表层腐殖土、淤泥等杂物清除。当地基开挖发现有淤泥层或软土层时，需进行换填处理。

（4）砌石底面应卧浆铺砌，立缝填浆捣实，不得有空缝和贯通立缝。砌筑中断时，应将砌好的石层空隙用砂浆填满，再砌筑时石层表面应清扫干净，洒水湿润。砌筑外露面应选择有平面的石块，且大小搭配、相互错叠、咬接牢固，使砌体表面整齐，较大石块应宽面朝下，石块之间应用砂浆填灌密实。

（5）排水孔位置、尺寸、坡降、数量、材质应符合设计要求，一般条件下，排水孔孔径50~100mm，纵横向间距2~3m，坡降5%，呈梅花形交错布置。排水孔下方挡墙上坡侧应设置夯填黏土隔水层，排水孔上方上坡侧设置反滤层，排水孔位置设置碎石囊堆防止排水孔堵塞。

（6）砌体勾缝一般采用平缝或凸缝。勾缝前须对墙面进行修整，再将墙面洒水湿润，勾缝的顺序是从上到下，先勾水平缝后勾竖直缝。勾缝宽度应均匀美观，深（厚）度为10~20mm，缝槽深度不足时，应凿够深度后再勾缝。

（7）挡渣墙墙体应在砂浆初凝后开始养护，洒水或覆盖4~14d，养护期间应避免碰撞、振动或承重。

浆砌石挡渣墙如图C.27所示。

图C.27　浆砌石挡渣墙

2.2.2　混凝土挡渣墙

适用阶段：基础工程。

适用范围：弃渣场的渣体防护，也可用于山丘区塔基基础余土（渣）的防护。

工艺标准：

（1）混凝土挡渣墙基础应嵌入原状土，在坐落位置开槽，开槽深度应满足设计要求。

（2）基础开挖及处理工程量符合设计要求。

（3）墙体砌筑工程量应符合设计要求。

（4）墙体砌筑坡比符合设计要求。

（5）基坑断面尺寸符合设计要求。

（6）表面平整度允许偏差±20mm。

（7）墙体厚度允许偏差±20mm，顶面标高允许偏差为±15mm。

（8）排水孔设置连续贯通，孔径、孔距允许误差为±5%。

（9）墙体砌筑砌缝宽度应符合设计要求，工艺美观。

（10）混凝土挡渣墙需先制作挡渣墙并达到设计强度后方可在其上坡侧堆置渣土。

施工要点：

（1）基础开挖前，需对挡渣墙坐落位置、余土永久堆存位置清障、剥离表土；剥离的表土应装袋堆存。根据施工设计图纸，准确计算挡渣墙的轴线位置，然后进行轴线放样。

（2）施工过程中应将基础范围内风化严重的岩石、杂草、树根、表层腐殖土、淤泥等杂物清除。当地基开挖发现有淤泥层或软土层时，需进行换填处理。混凝土挡墙基槽开挖可采取人工或机械进行，开挖出的余土堆于挡渣墙上侧的永久堆土区，用填土植生袋临时拦挡。基槽尺寸、深度应符合设计要求，开挖完毕应会同监理、设计验槽，确定地耐力符合设计要求方可进行挡渣墙墙体施工。

（3）水泥、砂、碎石、外加剂、水等原材料严格按设计要求，控制混凝土配合比，现场混凝土的配合比应满足强度、抗冻、抗渗及和易性要求，控制最大水灰比和坍落度。混凝土振捣应密实。

（4）做好模板安装，模板安装是现浇混凝土护坡施工的关键工序之一。挡渣墙墙体浇制施工时清理坑口周边的杂物和松散泥土，按需搭设作业平台，按设计要求绑扎钢筋、支设模板并找正，对模板进行可靠固定。

（5）现场搅拌混凝土，浇制前检查混凝土塌落度确保混凝土配合比符合设计要求。浇筑混凝土后使用振动棒分层振捣混凝土，插点间距不大于振动棒的作用半径的 1.4 倍。

（6）模板安装和混凝土搅拌完成后进行混凝土浇筑，混凝土浇筑应先坡后底，最后浇筑压沿。浇筑开始前应在精削后的边坡上安放钢模板并固定闭孔泡沫塑料伸缩缝。混凝土运到浇筑现场后应及时流槽入仓。

图 C.28　混凝土挡渣墙

（7）混凝土浇筑完毕 12h 后以草帘覆盖、洒水养护 2～3d。结合空间施工段划分，待混凝土达到 1.2MPa 强度时，方可拆模进行补空板的浇筑。

（8）在混凝土强度满足以上要求后，对相邻板缝进行清理，清理深度符合设计要求，按设计要求进行填缝。

混凝土挡渣墙如图 C.28 所示。

2.3　临时防护措施

目的：防护施工中的临时堆料、堆土（石、渣，含表土）、临时施工迹地等，防止降雨、风等外营力在冲刷、吹蚀。

主要措施包括临时排水沟、填土编织袋（植生袋）拦挡、临时苫盖。

2.3.1　临时排水沟

适用阶段：基础工程。

适用范围：临时堆土及裸露地表产生汇水的排导。

工艺标准：

（1）工程量符合设计或实际情况。

（2）排水通畅、散水面设置符合实际要求。

施工要点：

（1）先做好临时排水沟走向设计，定位定线。

（2）挖沟前应先清障，先整理排水沟基础，铲除树木、草皮及其他杂物等；挖沟时应将表土剥离进行集中堆存，余土堆置于沟槽下坡侧，培土拍实成为土埂。

（3）挖掘沟身时须按设计断面及坡降进行整平，便于施工并保持流水顺畅。

（4）填土部分应充分压实，并预留高度 10%的沉降率。填土不得含有树根、杂草及其他腐蚀物。

（5）临时排水沟不再使用时，应将余土填入沟中，充分压实，覆盖表土，预留高度10%的防尘层，必要时采取人工植被恢复措施。

临时排水沟如图C.29所示。

图C.29 临时排水沟

2.3.2 填土编织袋（植生袋）拦挡

适用阶段：基础工程。

适用范围：临时堆土的拦挡。

工艺标准：

（1）工程措施坚持"先防护后施工"原则。

（2）坡脚处拦挡要满足堆土量的设计要求。

（3）编织袋（植生袋）宜采用可降解材料。

施工要点：

（1）一般采用编织袋或植生袋装土进行挡护，编织袋（植生袋）装土布设于堆场周边、施工边坡的下侧，其断面形式和堆高在满足自身稳定的基础上，根据堆体形态及地面坡度确定。

（2）一般采取"品"字形紧密排列的堆砌护坡方式，挡护基坑挖土，避免坡下出现不均匀沉陷，铺设厚度一般按400~600mm，坡度不应陡于1:1.2~1:1.5，高度宜控制在2m以下。

（3）编织袋（植生袋）填土交错垒叠，袋内填充物不宜过满，一般装至编织袋（植生袋）容量的70%~80%为宜。同时，对于水蚀严重的区域，在"品"字形编织袋（植生袋）挡墙的外侧需布设临时排水设施，风蚀区则不考虑。

（4）可使用填生土编织袋或填腐殖土植生袋进行临时拦挡，宜使用填腐殖土植生袋进行永临结合拦挡，堆土一次到位，避免倒运。

（5）填生土编织袋临时拦挡时间一般不超过3个月，避免编织袋风化垮塌。植生袋一般采用可降解的无纺布材质，降解周期2~3年，强度大可重复倒运使用，夹层粘贴的草籽具备成活条件。

填土编织袋（植生袋）拦挡如图C.30所示。

（a）编织袋（植生袋）拦挡施工　　　　　（b）填土编织袋（植生袋）挡墙

图C.30 填土编织袋（植生袋）拦挡

2.3.3 临时苫盖

适用阶段：施工全过程。

适用范围：临时堆土及裸露地表的苫盖。

工艺标准：

（1）布设位置符合设计要求，覆盖边缘有效固定。

（2）苫盖材料选择符合设计要求。

（3）被苫盖体无裸露。

（4）苫盖材料搭接尺寸允许偏差不小于 100mm。

（5）苫盖密实、压重可靠。

施工要点：

（1）临时苫盖材料可选择仿真草皮毯、密目网、彩条布、塑料布、土工布、钢板、棕垫、无纺布、植生毯等对堆土、裸露的施工扰动区、临时道路区、植被恢复区进行临时苫盖。

（2）存放砂石、水泥等材料的扰动区地表可使用彩条布临时苫盖，使用 U 形钉固定于地面，两片草皮毯接缝处应重合 50～100mm。

（3）塔基的泥浆池、临时蓄水池其坑底和坑壁可使用塑料布苫盖。

（4）牵张场等施工扰动区可使用密目网、土工布、彩条布等临时苫盖。

（5）高原草甸施工扰动区、临时道路可使用棕垫苫盖减少对地表扰动和植被破坏。

（6）临时道路可使用钢板临时苫盖，降低对临时道路破坏。

（7）植被恢复区可使用无纺布、植生毯等进行临时苫盖，保存土壤水分，提高植被成活率。

（8）施工时在苫盖材料四周和顶部应放置石块、砖块、土块等重物做好固定，以保持其稳定，避免大风吹起彩条布、无纺布等降低苫盖效果或发生危险。

（9）运行中要定期检查苫盖材料的破漏情况，及时修补。

（10）极端天气前后一定要检查其完整情况。

（11）临近带电体时不宜采用密目网、彩条布等苫盖措施，防止被大风吹到带电设备上发生危险。

（12）所有苫盖用材料要做好回收利用或回收处理，避免污染环境。

临时苫盖措施如图 C.31 所示。

（a）密目网临时苫盖　　　　　　　　　　　（b）彩条布临时苫盖

图 C.31　临时苫盖措施

2.4　边坡防护措施

目的：稳定斜坡，防治边坡风化、面层流失、边坡滑移、垮塌，首要目的是固坡，对扰动后边坡或不稳定自然边坡具有防护和稳固作用，同时兼具边坡表层治理、美化边坡等功能。

主要措施包括浆砌石护坡、生态袋绿化边坡。

2.4.1 浆砌石护坡

适用阶段：基础工程。

适用范围：山丘区输电线路开挖边坡和回填边坡的防护。

工艺标准：

（1）基面坡度、地耐力应符合设计要求。

（2）垫层厚度符合设计要求，允许偏差为±15%。

（3）垫层处理工程量符合设计要求。

（4）护坡砌筑工程量应符合设计要求。

（5）护坡砌石砌筑石料规格、砂浆强度应符合设计要求，铺浆均匀、灌浆饱满。

（6）排水孔位置、数量、尺寸应符合设计要求，一般条件下，排水孔孔径50～100mm，纵横向间距2～3m，底坡5%，呈梅花形交错布置。

（7）护坡砌筑表面平整度应符合设计要求，允许偏差为±50mm。

（8）护坡厚度应符合设计要求，厚度允许偏差为±50mm。

（9）坡度应符合设计要求。

（10）基面坡度符合设计要求。

（11）护坡砌筑勾缝均匀，无开裂、脱皮。

施工要点：

（1）从浆砌石护坡应砌筑在稳固的地基上，基础埋深应满足设计要求。

（2）护坡砌筑施工前，先对边坡进行修整，清刷坡面杂质、浮土，填补坑凹，夯拍，使坡面密实、平整、稳定。底部浮土应清除，石料上的泥垢应清洗干净，砌筑时保持表面湿润。采用挂线法将边坡坡面按设计坡度刷平，坑洼不平部分填补夯实，合格后进行下道工序施工。护脚基坑开挖前用石灰洒出开挖边界，采用小型挖机配合人工进行开挖。基底设计高程以上100mm区域采用人工进行挖除。肋柱和护脚基坑按设计形式尺寸挂线放样，开挖沟槽。保证基坑开挖尺寸符合设计及相关规范要求。

（3）采用坐浆法分层砌筑，铺浆厚度宜为30～50mm，用砂浆填满砌缝，不得无浆直接贴靠，砌缝内砂浆应采用扁铁插捣密实。

（4）砌体外露面上的砌缝应预留约40mm深的空隙，以备勾缝处理。

（5）勾缝前应清缝，用水冲净并保持槽内湿润，砂浆应分次向缝内填塞密实。勾缝砂浆标号应高于砌体砂浆，应按实有砌缝勾平缝。砌筑完毕后应保持砌体表面湿润做好养护。

浆砌石护坡如图C.32所示。

2.4.2 生态袋绿化边坡

适用阶段：基础工程。

图C.32 浆砌石护坡

适用范围：山丘区线路开挖边坡和回填边坡的防护。

工艺标准：

（1）工程布置合理，符合设计或规范要求。

（2）工程结构稳定，堆放坡度较大时，有符合设计要求的钢索、加筋格栅或框格梁固定，生态袋材料符合设计要求，生态袋间缝隙用土填严。

（3）生态袋扎口带绑扎可靠，袋间连接扣连接牢固。

（4）袋内装种植土、草籽、有机肥拌和均匀，其种类和掺入量符合设计要求。

（5）封装和铺设符合设计要求。

（6）植生袋厚度不小于设计厚度的 10%。

（7）边坡坡比不陡于设计坡比。

（8）密实度不小于设计值。

（9）植被成活率不小于设计植被成活率。

施工要点：

（1）分析立地条件，根据坡体的稳定程度、坡度、坡长来确定码放方式和码放高度。

（2）对坡脚基础层进行适度清理，保证基础层码放平稳。

（3）根据施工现场土壤状况，在植生袋内混入适量弃渣，实现综合利用。

（4）从坡脚开始沿坡面紧密排列生态袋堆砌，铺设厚度一般按 200～400mm。植生袋有草籽面需在外面。码放中要做到错茬码放，且坡度越大，上下层植生袋叠压部分越大。

（5）生态袋之间以及植生袋与坡面之间采用种植土填实，防止变形、滑塌。

（6）生态袋袋内填充物不宜过满，一般装至植生袋容量的 70%～80%为宜。施工中注意对生态袋的保管，尤其注意防潮保护，以保证种子的活性。

（7）生态袋连接扣应形成稳定的内加固紧锁结构，以增加生态袋与生态袋之间的剪切力，加强生态袋系统整体抗拉强度。

（8）施工后立即喷水，保持坡面湿润直至种子发芽。

生态袋绿化边坡如图 C.33 所示。

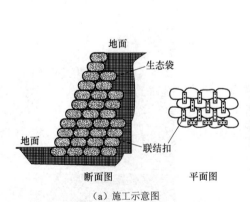

（a）施工示意图　　　　　　　（b）现场实物图

图 C.33　生态袋绿化边坡

2.5 截排水措施

目的：截水沟在坡面上修筑，为了拦截、疏导坡面径流；排水沟（管）为了排除坡面、天然沟道或地面的径流。

主要措施包括浆砌石截排水沟、混凝土截排水沟、生态截排水沟。

2.5.1 浆砌石截排水沟

适用阶段：基础工程。

适用范围：山丘区线路坡面来水的拦截、疏导和场内汇水的排除。

工艺标准：

（1）基础开挖定位、定线符合设计要求。

（2）基础开挖工程量应符合设计要求。

（3）砌体砌筑工程量应符合设计要求。

（4）砌石砌筑石料规格、砂浆强度符合设计要求，铺浆均匀、灌浆饱满、石块紧靠密实。

（5）沟渠坡降符合设计要求。

（6）砌体抹面均匀无裂隙。

（7）散水面符合设计和实际要求，避免冲刷边坡。

（8）基面处理方法、基础断面应符合设计要求。

（9）砌体断面尺寸应符合设计要求。

施工要点：

（1）排水沟一般采用人工开挖，排洪沟可采用机械开挖。开挖时将表土剥离集中堆存或装袋堆存，将余土运至集中堆存处按照土地整治要求处理。沟槽开挖至设计尺寸，不能扰动沟底及坡面土层，不允许超挖。开挖结束后清理沟底残土。开挖沟底顺直，平纵面形态圆顺连接，沟底顺坡平整。

（2）截排水沟采用挤浆法分层砌筑，工作层应相互错开，不得贯通，砌筑中的三角缝不得大于 20mm。在砂浆凝固前将外露缝勾好，勾缝深度不小于 20mm，若不能及时勾缝，则将砌缝砂浆刮深 20mm 为以后勾缝做准备。所有缝隙均应填满砂浆。

（3）沟底砂砾垫层摊铺厚度约 150～250mm，并进行平整压实。

（4）伸缩缝和沉降缝设在一起，缝宽 20mm，缝内填沥青麻丝。

（5）勾缝一律采用凹缝，勾缝采用的砂浆强度 M7.5，砌体勾缝嵌入砌缝 20mm 深，缝槽深度不足时应凿够深度后再勾缝。每砌好一段，待浆砌砂浆初凝后，用湿草帘覆盖，定时洒水养护，覆盖养护 7～14d。养护期间避免外力碰撞、振动或承重。

浆砌石截排水沟如图 C.34 所示。

2.5.2 混凝土截排水沟

适用阶段：基础工程。

适用范围：山丘区线路坡面来水的拦截、疏导和场内汇水的排除。

图 C.34　浆砌石截排水沟

工艺标准：

（1）基础开挖定位、定线符合设计要求。

（2）基础开挖工程量应符合设计要求。

（3）砌体砌筑工程量应符合设计要求。

（4）砌石砌筑石料规格、砂浆强度符合设计要求，铺浆均匀、灌浆饱满、石块紧靠密实。

（5）沟渠坡降符合设计要求。

（6）砌体抹面均匀无裂隙。

（7）散水面符合设计和实际要求，避免冲刷边坡。

（8）基面处理方法、基础断面应符合设计要求。

（9）砌体断面尺寸应符合设计要求。

施工要点：

（1）沟槽开挖完成后，先行进行垫层混凝土浇筑。

（2）混凝土浇筑前进行支模，一般采用木模板，模板尺寸满足设计要求。混凝土浇筑达到一定强度后方可拆模，模板拆除后应及时清理表面残留物，进行清洗。

（3）混凝土捣固密实，不出现蜂窝、麻面，同时注意设置伸缩缝，伸缩缝可采用沥青木板。

（4）垫层及底板混凝土浇筑后立即铺设塑料薄膜对混凝土进行养护，沟壁混凝土拆模后立即用塑料薄膜将沟壁包裹好进行养护，养护时间不少于 7d。

混凝土截排水沟如图 C.35 所示。

图 C.35　混凝土截排水沟

2.5.3　生态截排水沟

适用阶段：基础工程。

适用范围：山丘区线路坡面来水的拦截、疏导和场内汇水的排除。

工艺标准：

（1）沟渠的布局走向符合设计要求。

（2）沟渠的结构型式符合设计要求。

（3）沟渠表面平整，无明显凹陷和侵蚀沟，有按设计布设的生态防护工程。

（4）底宽度、深度允许偏差±5%；土沟渠边坡系数允许偏差±5%。

（5）沟渠填方段渠身土壤密实度不小于设计参数，断面尺寸不小于设计参数的±5%。

（6）沟渠表面平整度不大于 100mm。

施工要点：

（1）水沟底部防渗：用混凝土、砂浆、碎石等材料对水沟底部进行防水加固，厚度 20～50mm，碎石可铺在三维网之上。是否需要加固水沟底部，视工程实际情况（地质、土壤、纵坡等）而定。

（2）铺装三维网：沿水流方向向下平贴铺装，不得有皱纹和波纹，水沟顶端预留200mm用于三维网的固定，三维网底部也需固定。

（3）植生袋的铺装：按照设计尺寸分层码放植生袋，植生袋与坡面及植生袋层与层之间用锚杆固定。

（4）生态砖的铺装：码放时植草的一端向外，层与层之间用水泥砂浆黏结。在平地培育植物，待植物长到一定高度后码放生态砖效果更佳。

生态截排水沟如图C.36所示。

图C.36　生态截排水沟

2.6　土地整治措施

目的：对因工程开挖、填筑、取料、弃渣、施工等活动破坏的土地，以及工程永久征地内的裸露土地，在植被建设、复耕之前应进行平整、改造和修复，使之达到可利用状态。

主要措施包括全面整地、局部整地。

2.6.1　全面整地

适用阶段：施工全过程。

适用范围：塔基施工扰动区、牵张场施工扰动区等平地的耕地复耕，林草地复垦等。

工艺标准：

（1）满足《生产建设项目水土保持技术标准》（GB 50433—2018）和《土地利用现状分类》（GB/T 21010—2017）的要求。

（2）全面整地一般采用机械整地，可视整地面积、进场道路情况采用大型旋耕机和小型旋耕机。

（3）整地前应将混凝土渣、碎石等障碍物清除。

（4）整地后的地形应与耕地、水田、梯田、林草地等原地类一致。

施工要点：

（1）塔基、牵张场、施工道路等原地类为耕地时，可采用旋耕机将板结的原状土翻松，来回翻松不少于2次，按农作物种类选取合适翻耕深度，一般为500mm左右。翻松结束，使用平地机整平。自然晾晒结块的土壤松散后按照旱地、水田等不同需求起垄或造畦。

（2）采用全面整地的塔基区、施工临时道路区，可采用旋耕机方式将表层土壤翻松，翻耕深度一般为300mm左右。翻耕后自然晾晒，按照草坪、草地、林地等不同需求进行造林（种草）整地。

（3）表层种植土被剥离的区域，应先将种植土摊铺，摊铺厚度应与剥离厚度相等，一般为300～600mm。摊铺厚度超过300mm时，可分两层摊铺。摊铺后用旋耕机将种植土翻耕拌和。然后用平地机整平，整平后的地面应高于原始地面100mm左右。

全面整地如图 C.37 所示。

（a）牵张场机械平整   （b）输电线路塔基耕地恢复

图 C.37   全面整地

2.6.2   局部整地

适用阶段：基础工程

适用范围：带状整地适用于塔基施工扰动区、永久占地余土及表土回覆区等坡度不大于 15°的坡面和阶梯式平台面。块状（或穴状）整地适用于塔基施工扰动区、材料堆放扰动区等坡度大于 15°的坡面。

工艺标准：

（1）满足《生产建设项目水土保持技术标准》（GB 50433—2018）和《土地利用现状分类》（GB/T 21010—2017）的要求。

（2）局部整地一般采用小型机械整地和人工整地，可视整地面积、进场道路情况采用合适小型旋耕机。

（3）塔基扰动区、施工道路扰动区的局部整地应结合自然坡度，采取合适的带状整地。

（4）塔基及其附近等余土堆土区的局部整地应结合拦渣措施、表土回覆措施采取合适的带状整地方式。

（5）坡度超过 15°的扰动区应采用合适的块状（或穴状）整地方式。

施工要点：

（1）扰动区带状整地。

1）小于 15°的扰动区坡面可采取竹节式带状整地方式。沿坡面等高线设置不垦带，不垦带间距 2~4m、宽度约 0.5m。复垦区使用小型旋耕机翻松土壤，翻耕深度 100~300mm，不垦带培土后高出地面 200mm 左右，形成竹节式地形，保证蓄水和阻止径流效果。

2）原始地形为梯田的扰动区可采取阶梯式带状整地方式。反坡梯田的平台面应在平台面上成倒坡，坡度 1°~2°，平台面可使用小型旋耕机翻松土壤；坡式梯田可在平台坡面翻耕后沿等高线起长条垄。应查看梯田台阶的稳固性，必要时可采用植生袋制作生态挡墙稳固台阶。

（2）堆土区带状整地。

1）坡度小于 5°的塔基可将余土直接摊平在塔基永久占地范围内，上层覆盖 100mm 厚种植土满足撒播种草需求。种植土数量较少时，可在摊平的余土上垂直水径流方向开条形沟槽，将种植土回填到沟槽中满足条播条件。开槽宽度 80～120mm、深度 60～120mm、行距 200～400mm。

2）坡度 5°～10°的塔基可将余土直接摊平在塔基永久占地范围内，在下坡脚用植生袋制作生态挡墙挡土。生态挡墙厚度 0.2～0.8m，高度 1.32m。挡墙基底需铲平，底袋子横纵布置增加稳固性，厚度下大上小，挡土侧垂直。余土回铺堆存于挡墙上坡侧，余土距墙顶 200～300mm、上层覆盖 100mm 厚种植土，种植土距墙顶 50mm。种植土数量较少时，可将余土回铺堆存距墙顶 50mm，在摊平的余土上垂直水径流方向开条形沟槽，将种植土回填到沟槽中满足条播条件。平台面上应成倒坡，坡度 1°～2°。

3）坡度 10°～15°的塔基可将余土直接摊平在塔基永久占地范围内，在下坡脚用浆砌石制作挡墙，堆存余土、回覆表土、整地后恢复植被。

4）坡度 15°～25°的塔基不宜将余土在塔基内就地存放。应在塔基外合适坡面先修筑浆砌石挡墙，再将余土在挡墙内堆存，回覆表土、整地后恢复植被。

5）坡度大于 25°的塔基须将余土外运至山下综合利用。

（3）扰动区块状整地。

1）坡度小于 15°的扰动区可采取条状整地，沿着等高线开槽，形成水平阶梯。开槽宽度 80～120mm、深度 60～120mm、行距 200～400mm。表层腐殖土收集装袋或铺垫堆存，生土置于沟槽下坡边沿，拍实形成土埂；表土回填于槽内作为植物生长基质。

2）鱼鳞坑整地。15°～45°的坡地可采取鱼鳞坑整地，一般与造林整地同时进行。沿坡地等高线定点挖穴，穴间距 2～4m，穴半径 0.5～1m，深度 300～500mm。表层腐殖土收集装袋或铺垫堆存，生土置于穴下坡边沿，拍实形成半月形土埂；表土回填于槽内作为植物生长基质，回填土的上坡坑内留出蓄水沟。

3）穴状整地。一般结合造林整地同时进行穴状整地时，根据乔木、灌木等树种不同挖穴深度 300～500mm，直径 0.5～1m，乔木株距约 2～4m，灌木株距 0.5～1m。挖树坑四周要垂直向下，直到预定深度，不要挖成上面大、下面小的锅底形。平地种草采取穴状整地时，根据混播草种配置情况挖穴深度可在 200～300mm，株距 0.3～0.5m。表层腐殖土收集装袋或铺垫堆存，生土置于穴边沿，拍实形成圆形土埂；表土回填于槽内作为植物生长基质，回填土低于天然地面。

穴状整地如图 C.38 所示。

图 C.38　穴状整地

2.7 防风固沙措施

目的：对容易引起土地沙化、荒漠化的扰动区域进行防风固沙、涵养水分。

主要措施包括工程固沙和植物固沙。

2.7.1 工程固沙

适用阶段：架线工程后期。

适用范围：后扰动地表沙地治理。

工艺标准：

（1）满足《水土保持工程设计规范》（GB 51018—2014）的要求。

（2）应该形成 1.0m×1.0m 的网格。

（3）整体效果应该达到设计要求。

施工要点：

（1）草方格沙障。

1）放线开槽。依据设计规格进行放线。采用人工或机械方式开槽，槽深 100mm 左右。开槽时，沿沙丘等高线放线设置纬线，沿垂直等高线方向设置经线。施工时，先对经线进行施工，再对纬线进行施工。

2）材料铺放：将稻草或麦秸秆垂直平铺在样线上，组成完整闭合的方格，铺设麦草厚度约为 20～30mm。

3）草方格布设：按照要求铺设好稻草（麦草）后，用方形扁铲放在稻草（麦草）中央并用力下压，使稻草（麦草）两端翘起，中间部位压入沟槽中。稻草（麦草）中间部位入沙深度约100mm，同时稻草（麦草）两端翘起部分高出地面约500mm。用沟槽两边的沙土稻草（麦草）埋住、踩实。由此完成局部草方格沙障铺设任务，依次类推，完成整个沙障施工铺设任务。

4）围栏防护。草方格沙障施工完毕，应用铁丝网围栏防护，防止稻草（麦草）被牛羊啃食破坏。

5）草方格沙障多在草、沙结合点积累土壤，风吹草籽可成活自然恢复植被，一般不需人工种植草籽。

草方格沙障如图 C.39 所示。

（2）柴草（柳条）沙障。

1）平铺式柴草（柳条）沙障施工。

依据设计规格进行放线。带状平铺式沙障的走向垂直于主风带宽 0.6～1.0m，带间距 4～5m。将覆盖材料铺在沙丘上，厚 30～50mm。上面需用枝条横压，用小木桩固定，或在铺设材料中线上铺压湿沙，铺设材料的梢端要迎风向布置。

图 C.39 草方格沙障

2）直立式柴草（柳条）沙障施工。

a. 高立式：在设计好的沙障条带位上，人工挖沟深 200～300mm，将柳条（杨条）切割每根 700mm 左右长，按放线位置插入沙中，插入深度约 200mm，扶正踩实，填沙 200mm，沙障材料露出地面0.5～1.0m。

b. 低立式：将低立式沙障材料按设计长度顺设计沙障条带线均匀放置线上，埋设材料的方向与带线正交，将柳条（杨条）切割每根400mm左右长，按放线位置插入沙中，插入深度约200mm，露出地面约200mm，基部培沙压实。

沙障建成后，要加强巡护，防止人畜破坏。机械沙障损坏时，应及时修复；当破损面积比例达到60%时，需重新设置沙障。重设时应充分利用原有沙障的残留效应，沙障规格可适当加大。柴草沙障应注意防火，柳条沙障应注意适时浇水。

沙障如图C.40所示。

（a）柴草沙障　　　　　　　　　　　　　（b）柳条沙障

图C.40　沙障照片

（3）石方格沙障。

1）放线。依据设计规格进行放线。

2）带状方格平铺式沙障施工。带的走向垂直于主风带宽0.6～1.0m，带间距4～5m。将碎石铺在沙丘上，厚30～50mm。覆盖材料主要为碎石、卵石等。

3）全面平铺式沙障施工。适用于小而孤立的沙丘和受流沙埋压或威胁的塔基四周。将碎石在沙丘上紧密平铺，其余要求与带状平铺式相同。

4）采用石方格沙障时，周边多为无植被地带，一般不采用植物固沙。

石方格沙障如图C.41所示。

2.7.2　植物固沙

适用阶段：架线工程后期。

适用范围：后扰动地表沙地治理。

工艺标准：

图C.41　石方格沙障

（1）植物固沙一般结合工程固沙措施，利用植物根系固定地面砂砾，利用植物枝干阻挡风蚀，减缓和制止沙丘流动。主要采用种草固沙和植树固沙。

（2）需采用植物长期固沙措施时，一般选用本地耐旱草种、树种，在草方格、柴方格沙障配合下种植。

（3）应选在雨季或雨季前进行种植，适当采取换土、浇水抚育措施。

施工要点：

（1）种草固沙施工工艺应符合下列规定：

1）草方格施工时，在纬线背风面草和槽留出间隙，将剥离或外运腐殖土、外运腐殖土填入槽内，作为种草植生基质。

2）选用芨芨草、沙打旺、草木樨等耐旱草籽形成混播配方，采取条播方式播种，覆盖腐殖土后再覆盖沙土。

3）利用自然降水抚育或浇水抚育。

（2）种树固沙施工工艺应符合下列规定：

1）低洼地带或地下水较丰富的沙地，选用耐寒、易活的红柳制作柴方格沙障。

2）将红柳根部插入沙地，适当抚育保证成活率。

3）其他不能成活的柴方格内，可挖穴换腐殖土，采取穴播方式种植樟子松、沙棘等耐旱树种。

种草固沙如图 C.42 所示。

2.8 植被恢复措施

目的：通过林草植被对地面的覆盖保护作用、对降雨的再分配作用、对土壤的改良作用以及植被根系对土壤的强大固结作用来防治水土流失。

主要措施包括造林（种草）整地、造林、种草。

图 C.42 种草固沙

2.8.1 造林（种草）整地

适用阶段：架线工程后期。

适用范围：后扰动地表植被恢复前的整地。

工艺标准：

（1）造林（种草）整地的方式应结合地貌、地形确定，应做到保墒、减小雨水冲刷和土壤流失、利于植被成活。

（2）造林（种草）的整地方式包括全面整地和局部整地等方式。

局部整地包括阶梯式整地、条状整地、穴状整地、鱼鳞坑整地等。条状整地、穴状整地可用于条播、穴播种草，开槽、挖穴后填入表土，播撒草籽后覆盖表土压实。穴状整地、鱼鳞坑整地可用于造林，挖穴后填入表土，植入树木、灌木。阶梯式整地，一般用于撒播种草，翻松、耙平表土后撒播草籽，再覆盖表土后略微压实，也可在整地基础上，挖穴进行造林。

（3）原地类为耕地的，整地方式一般为全面整地，对表层土壤采取翻耕达到农作物生长条件；原地类为草地的，整地方式一般为全面整地或局部整地，坡地的局部整地可条状整地和穴状整地；原地类为林地的，整地方式一般为局部整体，可采取穴状整地。

施工要点：

（1）全面整地施工工艺应符合下列规定：

1）塔基、牵张场等处于耕地时，可采用机械翻耕全面整地。翻耕深度一般为 200～

250mm，按农作物种类选取合适深度。

2）采用全面整地的塔基区、施工临时道路区，可采用机械方式将表层土壤翻松，翻耕深度 100～200mm。

3）采用带状整地的坡地塔基，可采用人工方式整地，用钉耙将表层土壤翻松，翻耕深度可 50～100mm。翻松及耙平表土后撒播草籽，再覆盖表土后略微压实。

（2）局部整地施工工艺应符合下列规定：

1）穴状整地。适用于低山丘陵区、丘陵浅山区。根据乔木、灌木等树种不同挖穴深度 300～500mm，直径 0.5～1m，乔木株距 2～4m，灌木株距 0.5～1m，沿等高线，上下坑穴呈品字形排列。挖树坑四周要垂直向下，直到预定深度，不要挖成上面大、下面小的锅底形。表层腐殖土收集装袋或铺垫堆存于上坡位，生土置于下坡边沿，拍实形成圆形土埂；表土回填于槽内作为植物生长基质，回填土低于天然地面。

2）鱼鳞坑整地。15°～45°的坡地可采取鱼鳞坑整地，适用于石质山地、黄土丘陵沟壑区坡面。沿坡地等高线定点挖穴，穴间距 2～4m，穴长径 0.8～1.2m，短径 0.5～1m，深度 300～500mm。鱼鳞坑土埂高 150～200mm，表层腐殖土收集装袋或铺垫堆存于上坡位，生土置于穴下坡边沿，拍实形成半月形土埂；表土回填于槽内作为植物生长基质，回填土的上坡坑内留出蓄水沟。

3）水平沟整地。沿等高线带状挖掘灌木种植沟。适用于土石山区、黄土丘陵沟壑区坡度小于 30°边坡坡面。沟呈连续短带状（沟间每隔一定距离筑有横埂），或间隔带状。断面一般呈梯形，上口宽 0.5～1m，沟底宽约 0.3m，沟深 0.3～0.5m，沟长 2～6m，两沟距 2～2.5m，沟外侧用心土筑埂，表土回填于槽内作为植物生长基质。

4）阶梯式整地。通常结合山丘区塔基的高低腿高差进行整地，沿等高线里切外垫，做成阶面水平或稍向内倾斜的反坡，阶宽通常为 1.0～1.5m，阶长视地形而定，阶外缘培修 20cm 高的土埂，上下阶面高差 1～2m，坡度小于 35°。

5）条状整地。5°～15°的坡地可采取条状整地，沿坡地等高线画线开槽，开槽宽度 80～120mm、深度 60～120mm、行距 200～400mm。表层腐殖土收集装袋或铺垫堆存，生土置于沟槽下坡边沿，拍实形成土埂；表土回填于槽内作为植物生长基质。

鱼鳞坑造林（种草）整地如图 C.43 所示。

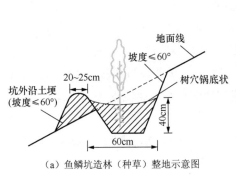 

（a）鱼鳞坑造林（种草）整地示意图　　　（b）鱼鳞坑整地实物图

图 C.43　鱼鳞坑造林（种草）整地

2.8.2 造林

适用阶段：架线工程后期。

适用范围：后扰动地表植被恢复。

工艺标准：

（1）满足《造林技术规程》（GB/T 15776—2023）的要求。

（2）树种应选择当地耐旱、易成活树种，苗木规格可选用幼苗，质量等级二级以上（苗木等级划分中根据苗木地径和苗高等几个质量标准将苗木分为三级，一、二级苗为合格苗，可出圃造林），宜在当地苗圃购买，并要有"一签、三证"，并根系完好，树种及密度符合设计要求，苗木应栽正踩实。

（3）苗木采购、运输、栽植中要做到起苗不伤根、运苗不漏根（防止风吹日晒）、清水催根（栽前放在清水中浸泡 2～3d）、栽苗不窝根，分层填土踩实，要求幼苗成活率达到 85%以上。

（4）年均降水量大于 400mm 地区或灌溉造林，造林成活率不应小于 85%；年均降水量小于 400mm 地区，造林成活率不应小于 70%。

（5）郁闭度要达到设计要求。

施工要点：

（1）原地貌为林地的宜种植灌木造林。降水量大于 400mm 的区域，可种植乔木；降水量为 250～400mm 的区域，应以灌木为主；降水量在 250mm 以下的区域，应以封禁为主并辅以人工抚育。

（2）树种应选择当地耐旱、易成活树种，郁闭度要达到设计要求。苗木规格可选用幼苗，质量等级二级以上（苗木等级划分中根据苗木地径和苗高等几个质量标准将苗木分为三级，一、二级苗为合格苗，可出圃造林），宜在当地苗圃购买，并要有"一签、三证"并根系完好，树种及密度符合设计要求，苗木应栽正踩实。

（3）苗木采购、运输、栽植中要做到起苗不伤根、运苗不漏根（防止风吹日晒）、清水催根（栽前放在清水中浸泡 2～3d）、栽苗不窝根。分层填土踩实，要求幼苗成活率达到 85%以上。

（4）通常选择春季造林，适宜我国大部分地区。春季造林应根据树种的物候期和土壤解冻情况适时安排造林，一般在树木发芽前 7～10d 完成。南方造林，土壤墒情好时应尽早进行；北方造林，土壤解冻到栽植深度时抓紧造林。

（5）种植乔木、灌木施工工艺应符合下列规定：

1）无土球树木种植。可采用"三埋两踩一提苗"种植方法：先往树坑里埋添一些细碎壤土（一埋），放入树苗，再埋添一些土壤（二埋），土量要没过树根，然后上提一下苗木（一提苗），使树根舒展开来，保持树的原深度线和地面相平，踩实土壤（一踩），再埋入土壤至和地面相平（三埋），踩实（二踩）。

2）带土球树木种植。先埋添少量细碎壤土，放入土球，土球上部略低于地面即可，然后埋土，边埋边捣实土球四周缝隙，注意不要弄碎土球。

3）制作围堰。树栽好以后，在贴近树坑四周修一条高 200～400mm 的围堰，边培土边拍实。

4）立支架。种植大树或常绿树，要设立支架，防止新栽树倒伏。较小的树一根木棍即可，大树要三根木根120°角支撑。木棍下方要埋入土中固定。

5）浇水。围堰修好后即可浇水，往围堰中先加入水，待水渗下后，对歪斜树扶正填实，二次把水加满围堰即可。降水量在250mm以下区域，应在围堰范围采取覆盖塑料薄膜减少蒸发、定期浇水等人工抚育措施。

种植乔木、灌木如图C.44所示。

（a）种植乔木 　　　　　　　　　（b）种植灌木植被恢复效果

图C.44　种植乔木、灌木

2.8.3　种草

适用阶段：架线工程后期。

适用范围：后扰动地表植被恢复。

工艺标准：

（1）草籽宜选用当地草种，应采取2～3种多年生草种混播。小于250mm降水量区域，应采取多种草籽的混播配方保证群落配置和覆盖度。

（2）草籽质量等级标准应为一级，播种密度应符合设计要求。

（3）平地可采取撒播种草，坡地可采取条播种草和穴播种草。播种深度和覆土厚度应适宜，播后需镇压。

（4）高原草甸可将剥离的草皮回铺，可采用草皮回铺恢复植被。

（5）覆盖度要达到设计要求。

施工要点：

（1）适用于平地或坡度小于15°的缓坡。

（2）对施工场地翻耕松土、进行平整和坡面整修。

（3）人工种子提前浸泡8h以上，播撒草种，覆盖熟土、耙平后适当拍压。

（4）铺设无纺布保持水分（雨季无需覆盖）。

（5）采用人工浇水，开展苗期养护。

（6）旱季节播种时，土面需要提前浇水再撒播，采用喷灌抚育或滴灌抚育方式。

（7）播种草籽施工工艺应符合下列规定：

1）撒播种草。将混播草种拌和均匀，大范围手工或机械施撒草种于耙松的腐殖土内，施撒量要满足设计要求；耙平土壤保证草种覆土约10mm，用竹笤帚适当拍压。

2）条播种草。将混播草种拌和均匀，手工施撒草种于沟槽内耙松的腐殖土（或植生基质）内，施撒量要满足设计要求；覆盖土壤保证草种覆土约10mm，适当踩压。

3）穴播种草。将混播草种拌和均匀，手工施撒草种于穴内耙松的腐殖土（或植生基质）内，施撒量要满足设计要求；覆盖土壤保证草种覆土约10mm，适当镇压。

4）保墒措施。蒸发量较大区域，可铺设无纺布、椰丝毯或生态毯对播种区覆盖，紧贴坡面及种植沟形成集水凹区，用石块压实保墒。

5）浇水抚育。播种后浇水抚育一次，之后可利用自然降水抚育。未到降水期时，可灌溉2～3次，以满足草籽初期生长需要，灌溉时间不宜超过5d。干旱季节播种时，土面需要提前浇水，再撒播，可采用喷灌方式。

6）如果成活率较低要及时补植。

种草如图C.45所示。

（a）机械翻耕松土

（b）人工播撒草籽

（c）条播无纺布保墒

（d）混播草种恢复效果

图C.45　种草